こころの環境革命

米田明人

今日の話題社

「こころの環境革命」刊行に寄せて

吉田栄夫（国立極地研究所／立正大学名誉教授）

米田明人さんは、山梨大学で電気工学の研鑽を積まれたＮＴＴの技術者である。私は南極観測隊の隊員や隊長として、通信を担当されたＮＴＴの方々に、南極の現場や内地の関係機関で種々のご支援を頂いたが、米田さんと知り合ったのはこれとは関係がなく、旭硝子財団のブループラネット賞受賞者表彰式の会合であった。ブループラネット賞は、周知のように１９９２年のリオ・デ・ジャネイロでの国連の「環境と開発に関する国際会議」、いわゆる「地球サミット」開催を機に創設された、地球環境問題の解決に関して多大な貢献をされた個人や団体を顕彰する賞である。米田さんはその専門分野であるＮＴＴ関係の諸事業で、多くの成果を挙げられるとともに、この間、特に１９９０年代の終わり頃から環境問題に大きな関心を抱かれ、この面でも、種々の取り組みをされてこられた。このたび、これまで主として「電設技術」など米田さんにとってファミリアーな誌上に執筆されてきた、環境に関するさまざまな問題を取り上げたコラム的な論筆を中心に、環境とは関係のない心温まる挿話をまじえ、さらに2012年に本書の出版に際して加筆されたと思われる小論を織り交ぜてまとめ、「こころの環境革命」として上梓されることになった。まことに慶賀に堪えない。米田さんはこの著書が環境に関心を持つ人たちに少しでも役立てばと願っておられるが、必ずや多くの関心と共感を呼ぶものとなろう。こうした経緯は「はしがき」に当たる「環境への想い」に述べられている。

　私は米田さんからこの刊行に当たってなにか書くようにとのお話を受け、この拙文を書くことにしたが、その際のやりとりを基に、現在の環境問題の論議に微かな疑念を抱いていることについて、紙幅の一部を頂くことにした。私は「環境」について極めて関係の深い学問分野である地理学のうち、自然地理学を専攻して長年に亘り南極の環境を調べ、環境問題について国際協議のお手伝いをしてきたし、現在も多少南極の環境モニタリングなどで仕事を与えられており、また、ある私大の地球環境科学部の立ち上げに参画してきた。その私が、周知のことに改めて触れる、かかる蛇足を加えるのは内心忸怩《じくじ》たるものがあるが、あえて述べさせて頂きたいのである。

「地球環境」とは何か。「環境」とは「四周の外界」「周囲の事物」とある。それではその

「主体」は何か。これがないがしろにされている嫌いはないか。ときにはこれを明確にした議論が欲しい。その際、当然のことながら、現在の地球の自然条件は一万年ないし数千年このかたのものでしかないことを、もっと強調する必要があろう。人に限らず動物は植物と異なり、他の生き物の命を食べなければ生きてゆけない。誰でも知っているこのことは、米田さんの「足ることを知る」の基本でもある。「持続可能な開発」はどこまで可能なのか。「地球温暖化」は分かり易い。しかし、地球そのものあるいは全体が温暖化しているわけではない。この言葉は英語のように「地球規模の温暖化」を用いるほうがよいのではないか、などなど。妄言をお許しあれ。

「環境問題」は米田さんが申されるように、解決の極めて難しいことである。しかし、私たちはここ数千年来の自然の姿を改めて真摯に検討し、良しとする像を描いて、できる限りこれに近づける努力をしなければなるまい。米田さんのこのご本はそれを力づけるものであり、今後のさらなるご活躍を期待したい。

吉田栄夫氏

１９３０年12月18日生まれ。

東京大学理学部１９５４年３月卒業、数物系研究科地理学専攻博士課程在学中、日本南極観測隊第２次越冬隊員として南極に赴くも、誰も越冬できずに帰国。

１９５９年４月東京都立大学理学部助手となり、同年10月、第４次南極越冬隊に参加、のち大学助教授時代の１９６６−６８年に第８次越冬隊参加、教授時代の７５年第16次観測隊に副隊長兼夏隊長、１９７６年９月国立極地研究所教授に配置換えとなり、１９７８−７９年第20次観測隊長（このときＮＨＫが初めて昭和基地からの生中継を実施）、１９８０−８２年第22次観測隊長（兼越冬隊長）、１９８５−８６年観測隊長。

このほか、アメリカ隊、ニュージーランド隊の支援により、日本人チームが実施したロス海西岸のドライバレー地域調査に、１９６３／６４、１９６４／６５、１９７０／７１、１９７２／７３、１９７３／７４に参加、また１９７７年夏季に英国観測隊に交換科学者として参加、南極半島での調査に当たった。

国立極地研究所を１９９４年３月に退官、立正大学教授となり、１９９８年４月−２０００年３月同大学初代地球環境科学部長、２０００年４月−２００４年同大学学長を務める。２００４年には財団法人日本極地研究振興会常務理事に復帰（学長の間は平理事にしてもらった）、２００８年11月より同財団理事長に就任。

この間文部省や環境庁／省の各種委員などを務める。

「2℃の地球温暖化は危険」

ジェームズ・ハンセン氏からのメッセージ

地球温暖化の気温上昇の限度が2℃であるという話は科学的な知見にのっとっている訳ではない。それどころか、政治的にもっともらしいと信じられていることをもとにしている。私たちは「氷の溶解、海面の上昇、そしてスーパー台風」と題した私達の論文で、2℃の地球温暖化は危険であり、少なくとも、海面が数メートル上がるようになるだろうことを示した。論文「地域の気候変動と国家の責任」でも、他の気候へ及ぼす影響を論じた。

2℃の気温上昇は、約12万年前の間氷期よりも地球を温暖化し、海面を6～9m上昇させ、今日よりももっと強力な台風に見舞われることになる。

若い人々、次世代のために、私たちは気温上昇が2℃でよいとするのではなく、政治的にもっともらしいとされたものを再定義する必要がある。それは化石燃料の使用を止めるために必要な行動は経済的に意味があるからだ。

特に必要なことは炭素に依存している企業から排出に応じて上昇する炭素費用を徴収することだ。この収入を社会に均等に再配分したらクリーンエネルギーとエネルギー効率への投資が化石燃料企業と同じ土俵で競争できることになる。他国より先にそのようなアプローチを採用したら、その国は国際競争で優位に立つだろう。

（2016年5月12日）

注：石油、石炭、天然ガス、シェールオイルなど、過去の生物や植物の化石化したものが起源と考えられる燃料資源のこと。

ジェームズ・ハンセン氏
元NASAゴッダード研究所所長
現コロンビア大学　地球環境科学科客員教授
現コロンビア大学　気候科学・認識・解明プログラム所長

（原文）

2°C Global Warming would be Dangerous

The 2°C limit suggested for global warming is not based on science. Instead it is based on what is believed to be "politically plausible".
We showed in our paper "Ice Melt, Sea Level Rise and Superstorms" that 2°C global warming would be dangerous, likely leading to sea level rise of at least several meters, as well as other climate impacts as discussed in our paper "Regional Climate Change and National Responsibilities".

Warming of 2°C would make Earth warmer than it was during the prior interglacial period, about 120,000 years ago, which was characterized by sea level reaching a height of +6-9 meters and more powerful storms than today.

For the sake of young people and future generations, we must redefine what is politically plausible, because in fact the actions that are needed to phase down fossil fuel use actually make economic sense. Specifically, what is needed is a rising carbon fee collected from fossil fuel companies. If that money is distributed uniformly to the public, it spurs the economy land allows all clean energies and energy efficiency compete on a level playing field. Nations that adopt such an approach first will ultimately have an advantage in international trade.

Dr. James E. Hansen

May 12, 2016
1981-2013 Director: NASA Goddard Institute for Space Studies
1985-present Adjunct Professor: Earth and Environmental Sciences, Columbia University
2013-present Director: Program on Climate Science, Awareness and Solutions, Columbia University

はじめに

この本を出すきっかけは私の専門である電気設備の雑誌『電設技術』（元『電設工業』）に「自然の風」と称して環境への想いを執筆したことによる。環境の問題については同時に「環境革命論　なぜ地球環境を守るのか」のタイトルで同誌に執筆したが、環境にかかわればかかわるほどそれは私たちの生き方の問題であると分かってきた。大量生産、大量消費の考えの元で育ってきた私達にとって今、世界で見ると地球1・5個分の生活をしてエネルギーを消費している。これを止めることが必要とされている。

環境へ取り組む中で地球環境サミットＲｉｏ＋10（2002年）、ヨハネスブルグ・サミットへ参加して、豊かさへの疑問や足るを知ることの大切さについて知らされた。また、日本政府の環境への対応が世界でどのように思われているかについても知らされ暗然とした。その後リオでＲｉｏ＋20（2012年）が実施され、2015年12月にはＣＯＰ21

（国連気候変動枠組条約 第21回締約国会議）においてパリ協定が採択されたが、近年、地球温暖化等々環境問題は益々難しくなっていると感じている。そのような中、私が会った人々や私の生き方の問題として捉えたことや環境への想いをまとめ、ここにそれを形にすることにした。

2011年3月11日の東日本大震災では今までの環境への問題点が一挙に露呈されたように思われた。想像を絶する津波の破壊力や原発問題では特にその思いが強い。私は環境の取り組みでは環境革命が必要だと感じている。環境革命とは環境に対する一人一人の意識が変わり、行動が変わる事である。

また、今までの環境への取り組みには賽の河原に石を積むような味気なさを感じさせられることもあった。しかし、橋本道夫さんのようにミスター環境庁と言われ、環境への力強い行動を示した人を知ることもあり、勇気づけられもする。

ヨハネスブルグ・サミットでは日本ヨハネスブルグ・サミット提言フォーラムの事務局長として現地に臨み、いかにＮＧＯの力が（特に日本の場合）微弱であるかを思い知らされ、政治の力が必要かを感じさせられた。また環境運動を熱心に行っている人が政治に向かってもその成果は微弱であるとも知らされている。もったいないで知られるノーベル平和賞をいただかれた、あのワンガリ・マータイさんが自国の環境副大臣になられたが、副大臣になったからといって環境について何もできないとの思いを語られていた。やはり一人一人の心が変わって、行動が変わってゆく力強いものがなければ環境問題は解決してゆかないのだろう。

環境問題にかかわっているとそこには精神的な豊かさと貧困の問題が横たわっており、人道的な問題に発展する。東日本大震災の原発問題は同時に水の問題や食のセキュリティの問題も提示した。ひとたび飲料水にセシウムが多量に含まれれば水は飲めないし、食物も食べれない。今までは農薬による食の問題を追及してきたが一気に安全性の問題がクローズアップされた。ただ、無農薬、無化学肥料による食料がいかに大切かも、ともに考えるべき問題ととらえている。

特に人間の体の約70％を水が占めており水を守ることがいかに大切かも感じている。生命体としての地球も水によって構成されており水を守ることが地球環境を守ることにもなる。人の想いが水を守り、水が人を守り、そして地球を守る役目をしているとも思う。

さらに気候変動、地球の温暖化問題は急速に私達の身近な問題として迫ってきている。二酸化炭素濃度の増加により気温の上昇が起こっており、現在すでに産業革命以前から２０１２年までの温度上昇は０・８５℃となっているが、気温だけでなく海洋の温暖化、酸性化、ヒマラヤ氷河やグリーンランドの氷床等の融解を起こしている。

ジェームズ・ハンセン氏ら世界の有識者の間では気温上昇が２℃以上になる場合は海面上昇も６ｍとなり、ティッピングポイント（閾値《いきち》、限界値）を超えるため、気候のコントロールが効かなくなる危険性がある。気温上昇は１℃以下、二酸化炭素濃度は３５０ｐｐｍ以下に抑えるべきであると提言されている。これらの動きについては第六章に載せることとした。


ＣＯＰ21において世界の１９６ヵ国・地域によるパリ協定が採択された。産業革命以前からの気温上昇を２℃以下に抑え、１・５℃以下に近づく努力をすることが決定された。これは脱炭素社会へ社会システムを変更することが世界的に認知された事を意味する。

今や、我々の住んでいる地球環境は非常に危険な状態にあると言わなければならない。二酸化炭素排出の原因である石炭や石油など化石燃料の使用を取り止め、消費エネルギーを削減し、脱炭素社会に移行することが求められている。そのためには気温上昇を1℃以下に抑えて気候変動問題を解決するのが喫緊《きっきん》の問題であり、それを伝えるのもこの本の役目であると信じている。

2016年5月

米田明人

目次

「こころの環境革命」刊行に寄せて　吉田栄夫氏　3
「2℃の地球温暖化は危険」　ジェームズ・ハンセン氏メッセージ　7
はじめに　10
第一章　足るを知る……………21
足るを知る　23
環境ホルモンについて　25
西瓜（スイカ）　28
雨に想う　31
環境革命　33
自然農法　35
最後の切り札　37
文化の違いは測れるか　41
片隅のプロフェッショナル　44
私の顔施　47

第二章　豊かさとは……………49

ヨハネスブルグ・サミットのこと　51
350ppm運動　53
ブループラネット賞表彰式典に思う　56
お弁当　59
クールビズの定着　61
技術革新の効果　63
バランスの崩れ　65
環境優先企業の進む道　68
あるインテリジェントビルの完成　71
民主主義の正義とは　74
バランスについて思うこと　76
豊かさとは　79

第三章　わしがやらねば！……………83

わしがやらねば！　85
レスター・ブラウン氏　87
環境問題へのかかわり　89
トップの意識改革　92
今年の花　94
２００６年ブループラネット賞　96
地球倫理について　100
心を尽くすぜいたく　103
約　束　106
程ということ　109
カスタマー・サティスファクション　111
あの人に救われた　114
木　鶏　119

第四章　今日も黄金色の朝日…………123

ワンガリ・マータイさん　125
ジェームズ・ハンセンさん　129
ブループラネット賞の授賞式に参加して　132
エコプロダクツ２００８年に思う　135
ルールを守る　138
アル・ゴア氏のノーベル平和賞受賞に思う　140
ジェフリー・サックス氏　144
システムインテグレーション　148
コミュニケーションとは　151
今日も黄金色の朝日　154
本物の力　156
豊かさのバランスシート　158
良寛さまのやさしさ　160
偶然と必然　162

第五章　こころと環境……………165
書はこころ　167
天といえども　169
ミスター環境庁　171
「ミツバチ謎の大量死」とレイチェル・カーソンさん　173
内と外　175
美しい心　177
最高の人格　179
こころと環境　181
第六章　何故、地球環境を守るのか……………187
私と環境（環境革命論）　189
気候変動の危険性　208
世界平和と環境　239
国連の動き――ＣＯＰ21（パリ協定）採択とＳＤＧｓ　245
パリ協定採択の意味　251

参考資料１　２０１５年ＣＯＰ21までの流れ　260
参考資料２　ＭＤＧｓ（ミレニアム開発目標）の成果　262
参考資料３　今後のＳＤＧｓ（持続可能な開発目標）とは　274
米田明人氏と環境問題　長澤貞夫氏　286
おわりに　293
参考文献　294

第一章　足るを知る

足るを知る

南アフリカに行って一番感じた事は、豊かさについての疑問であった。日本の豊かさは真の豊かさなのであろうか？　豊かさとは何なのかと考えさせられた。そして、豊かさの基準は物を持つ事ではなく、精神的な豊かさが問題ではないのかと。

もちろん物質的な豊かさも必要ではあるが、それだけではない事に気づかされた。果して日本の子供達は豊かなんだろうかと……。

先日のテレビで、高校生が両親をガス爆発で殺した。ガスを少しずつ出して、緊急遮断弁が働かないようにしたうえで、計画的に時限発火させて爆発させたそうだ。これは何なのだろうか？

南アフリカのボランティアセンターで働くルイさんは、休みの日には施設の子供達を海に連れて行くなどのボランティアをしている。また、学校をサボっている子供が昼間歩いているのを見つけると、学校まで連れて行くという。私たち日本人は心の豊かさをどこかに置き忘れてしまったのだろうか。

日本で育ったアジアからの留学生の話では、日本人は東京オリンピックまでは「おおきに」という言葉と共に「感謝する気持ち」があったが、東京オリンピックを境に「おおきに」という言葉を忘れていったそうである。高度経済成長と共に忘れられた「おおきに」という言葉は、日本人の心の豊かさといってもいいのではないだろうか？

そう考えていったとき、では「物を持つ事が豊かで、持たない事が豊かでない」という定義が成り立たないとしたら、何が豊かさなんだろうか？

気付いたのは物を持っていても持っていなくても「豊かである」という心境である。これは、自分自身がおかれた状況に左右されずに、常に豊かであると感じる心である。今いる状況で心が充足している状態のことではないだろうか？　知足（足るを知る）である。

こんな事を考えているときに、京都の竜安寺に行く機会があった。

石庭の縁側にひとしきり座って、裏に廻ると手水《ちょうず》があって、その臼《うす》に文字が刻んである。吾唯足知《われただたるをしる》とだけ書いてある。真ん中の口のところが大きくなっていて水が入っている。

たしか水戸光圀公（水戸黄門）が贈ったとされていた。昔の人は風流である。

（『電設技術』平成17年8月号掲載）

環境ホルモンについて

環境ホルモンの市民セミナーに参加した。セミナーに参加して予想以上に地球は汚染されているのに気付いた。セミナーは大学教授、環境庁の担当者などの講師によるものでかなり専門的な部分もあり分かりにくかったが、理解した範囲で述べることとする。一部誤っている部分もあるかもしれないが概略の話として読んでいただきたい。

まず環境ホルモンの正式名称は「外因性内分泌撹乱化学物質《がいいんせいないぶんぴつかくらん》」という名前で、外部要因の化学物質が動物の生体内に入った場合、正常なホルモンに影響を与え、ホルモンが変化することである。それらの物質をいわゆる「環境ホルモン」と呼んでいる。

たとえば、環境ホルモンの濃度が一定以上の水にメダカのような雄の魚を入れておくと数１０％程度が雌化しているそうである。

１９９６年春に出版された『奪われし未来』著者シーア・コルボーン氏らによるホルモンへの影響から端を発した問題であり、その当時話題になった米国の五大湖では現在ある一定の大きさ以上の魚は食べるのを禁止されているそうである。魚の中に凝縮して環境ホルモンが貯えられているからである。そして、最近では北極の魚類の中に蓄積しており、それを食べたグリーンランド周辺のエキスモーのような種族のなかで病気がはやっている。北極のようなところで環境汚染があるのは考えられないが、その理由は熱帯地方のインドなどで散布された農薬が蒸発して気流に流され、北極で冷却されて海水の中に沈殿し蓄積される。そしてそれをアザラシやイルカ、哺乳類が食べる。イルカや鯨などは皮と身の間にある脂肪の部分に有害物質を蓄積するそうである。それはたまっていて浄化されないし、授乳により世代をこえて移行するとのことである。

タイでは、日本においてすでに禁止になっているＰＣＢの放置、インドではＤＤＴなどの農薬が裸で散布されているとのことであった。（今、中国では農薬や河川の汚染が問題になっている。又、大気汚染によるスモッグで工場の操業停止や自動車の運転規制が行われた）

環境ホルモンに指定されている物質の中でも枯れ葉剤や除草剤は環境汚染が著しいとのことである。環境ホルモンとして何種類かの疑わしい化学物質があってもまだその評価方法が確立していないため真偽のほどがわからず、単にリストに上げられているものもあり早期の評価が望まれている。これらに対する対処法としては、個人レベルで使用しないことしか方法が取れない。

頭が2つあるイルカや日本でも6つ足のカエル（北九州市、弾薬庫後の公園で採取）の例を見て、生態系が崩れているのを感じた。環境汚染も地球規模となっており「宇宙船地球号」という意識での対応が必要になっている。

以前、田んぼの中で農薬が使われており、カエルやイナゴがいなくなり自然体系をこわしているということを感じたが、それが地球規模で行なわれており、地球レベルでの環境保護の意識が必要だと今更ながらに感じさせられた。単に自国や自社の考えだけでは生きていけない世の中になっていると改めて感じさせられた。

（『電設技術』平成11年3月号掲載）

西　瓜（スイカ）

夏の食べ物としてスイカは大好きである。果物の中では梨が一番好きだが、スイカも好きだ。

子供の頃、ひと夏に1個のスイカをお盆の頃食べられるのが楽しみだった。裏の井戸水で冷やしておいて食べるのである。今は、子供達はスイカを買ってもあまり食べないので不思議に思うが、食べ物が豊富であまり感激もないのだろうと思うと、残念だし、かわいそうな気もする。

以前、暑い田んぼの草取りをした後に無農薬・無化学肥料のスイカをいただいて、すごくおいしくて感動した。その後、少しも疲れていないことに気づき、無農薬、無化学肥料の野菜にはそういう（人を癒す）力があることに気づかされた。

そういえば、子供の頃、川で泳いで転んで足を擦りむいたりした時、蓬《よもぎ》の葉につばをつけ、それを揉んで出血をとめていた事を思い出す。今思えばそれは決して原始的な方法ではなかったのだろう。

家でもスイカを買って食べるが、たぶん私が一番食べている。昨年も丸ごとスイカを冷蔵庫に入れて、半分食べた後にしばらくは誰も食べようとしなかった。ちょっと前の年には、お風呂にクーラーを持ち込んでスイカを入れて水で冷やしていた。クーラーのふたを開けてスイカが浮いているのを見ると何か満たされたような気になった。冷蔵庫はそんな楽しみもなくしてしまった。

以前、長野の自由律俳句の山頭火ゆかりの家に伺ったことがあるが、そこでひとしきり句や書を見せていただいた後に、思いがけなくスイカが出されたが、家人の優しい気持ちもあり、そこでいただいたスイカもとびっきりおいしかった。

私がスイカを食べて疲れが取れた話をしたところ、無農薬・無化学肥料の農家の奥様の話では、ご主人は疲れが取れるからと言ってスイカを一日1個食べているとの話であった。無農薬・無化学肥料の野菜は、どうもその人の足りない部分を補ってくれるらしい。疲れていれば疲れが取れるというふうに…最近ではアトピーやガンなども治っているとの話も聞いたが、そうもありなんと思っている。自然の持つ力である無農薬・無化学肥料のスイ力が、食べる人の疲れを癒したり、その人の足りない部分を補ってくれる事が科学的に証明される日もそう遠くはなさそうである。

（『電設技術』平成17年9月号掲載）

雨に想う

最近雨が多い。夕立も多くなったような気がする。集中豪雨もあちこちで起こり、被害が出ているようだ。これは自然環境として、地球温暖化と関係があるのではないかと思っている。

地球も生物であるとすれば、暖かくなりすぎると、冷やそうとして夕立を起こしたり、くしゃみをしているに違いない。夕立だけでおさまればよいが、バランスが崩れていけば、ドカ雨になったりするのであろう。

昔は雨で憂鬱になったりしたが、最近は雨も楽しめるようになり、少々の雨なら傘にあたる雨音を楽しんでいる。台風や大雨では困るが……。

しかし、自然現象。色々なところでいろいろな事が起こっている気がする。極の氷が溶けて海水面が上がっている。海流が変わってきた。森林伐採や酸性雨で木が枯れ、水の流れが変わり、気候不順をもたらすなど、地球も怒っているのだろう。地球にとって、人間は厄介な存在になってきているのかもしれない。

人口が増えて食糧になるものは食べ尽くしてしまうし、化学物質や農薬などにより土壌も海も汚染されている。戦争では劣化ウラン弾により核物質まで撒《ま》かれて、人を死に追いやる。

このままではいけないと地球も想っているのではないだろうか？


（『電設技術』平成18年8月号掲載）

環境革命

私は、環境問題には「環境革命」が必要であると思っている。「環境革命」とは、一人ひとりの心に環境の火を灯すことである。最近、これまでは環境の話をしても、のれんに腕押しだった人から環境論を聞くことになり、驚くとともにうれしく思った。

地球は水でできている。その水を汚さないようすることが環境を守ることの一つである。人間も約70％が水でできているわけで、水が汚されれば、人間も汚染される。農薬や化学肥料によって地球が汚れれば、その上で生きている人間も汚れてくるのである。それを防ぐためには、「環境革命」が必要であると思う。一人ひとりの環境への意識を変えることが「環境革命」である。化学肥料や農薬で汚染された野菜を食べることにより、人間の体も知らず知らずに汚染されている。人間の体の中は目には見えないから、その汚染状況がよくわからないが、人間を水だと考えればわかりやすいと思う。そこに農薬、それも環境ホルモンとしての農薬が入ることにより、疑似ホルモンとして作用するためホルモンの異常が起こり、それが子どもの生育過程にも影響してくる。

環境の問題を提言していたら、最近エネルギー・マネジメントセンターの構築について実施することになった。各テナントビルのビル管理センターにある、ビルエネルギー管理システム（ＢＥＭＳ：Building Energy Management System）をネットワークで結んで光熱水量のデータを収集し、分析して管理センターへのエネルギー削減の指示・提案等を行うエネルギーのマネジメントセンターである。

最近、ようやく提唱していた環境問題と業務内容が一致し始めてきた。これも京都議定書により、企業も二酸化炭素発生を削減する必要があり、それが政策として具体化されているからであろう。しかし、環境問題は単に二酸化炭素の削減だけでなく、さまざまな問題があり、それに対応することが必要である。我々は企業人として行政からの要望だけでなく、一人の人間として、地球環境問題をとらえてゆく必要がある。

（『電設技術』平成18年6月号掲載）

自然農法

昨年、秋に筑波山のふもとに稲刈りに行く機会があった。昨年は週末の土日毎に雨が降ったので行くのが延び延びとなり心配したが久しぶりに晴れとなった。行っていざ稲刈りとなったが、カエル、イナゴがすごい。一足出す毎にピョンピョン、ササアーと逃げる。この時期にカエルがいるのもおかしいが、数の多いのにびっくりした。さすが筑波山のガマか。

こんな光景を見るのは子どものとき以来のような気がする。隣の田はもう稲刈りが終わっているが、草もないし、カエルも虫も全然いない。土地が黒々とした田である。こちらの田は農薬も肥料も使わない自然のままの作り方をしている田である。カエルやバッタが他の田からこちらの田に逃げてきて超過密になった状態にみえる。すごい数の虫たちである。さらには何年ぶりかにヘビも見た。

やはり、虫やカエルのいない田はおかしい。それらが住めない土地は地球の自然体系が崩れているのは明らかである。農薬や肥料が自然環境を壊しているのを感じた。

ふとコンクリートやアスファルトで地上を埋め尽くす都市の環境がいかに自然体系を壊しているかということを思う。今まで住みやすさを追求してきてこんなことは忘れてしまっていたのだ。私も東京に来て稲刈をするとはおもわなかった。兵庫出身で子どもの頃は稲刈りもしたけれど、東京に来た時はこんなことは考えても見なかった。

昨年、市のコミュニティ農園（1坪）を借りて野菜を作ってみた。大きく咲いたひまわりに蜂達が飛び交っており、うれしくなる。家でもナスやトマトは形が悪いのであまり歓迎されないがネギは喜ばれた。サツマイモもたくさんとれた。もちろん肥料、農薬はなしである。

稲刈りは我々がいかに自然を壊してきたかを改めて考えさせられた。そして、コンクリートジャングルで働くことがいかに反自然かということを感じさせられた一日だった。

（『電設工業』平成10年3月号掲載）

最後の切り札

最後の切り札のカードを切る時、それは一番大事な時である。今、神様（宇宙の創造主）はその前兆としてのカードを切っているような気がする。あまねく影響をあたえる切り札の効果、しかしまだ最後のカードでないだけに手加減しているような気がする。

たとえば、阪神の地震の場合においても起こった時刻が昼間ではないとか、ガスを使用する時間にかかっていないとかだが、かなりの影響を与えた。今の場合は警告としてのカードが切られているのではないかと思ってしまう。

最後の切り札は、もっと大変な影響を与えるであろうし、それがあるのかどうかもわからない。

奥尻島の津波、九州普賢岳の噴火から阪神での地震と徐々に効果的なカードが切り替っているような気がする。今回の地震についてもいままでの人間の持っている想像をはるかに超えたエネルギーで予想もつかないものであった。

今までの考え方では、ビルの1階とか中間階とかがくずれるとか、ビルが横倒しになるなどは映画の世界の話で現実に起きるとは思えない程のもので、バスの高速道路の端に浮かんでいるのや、トラックの串刺し、高速道路の横倒しなど、現実の方がはるかに悲惨であり、今までの映画のなかでも考えられないものに違いなかった。これは人間の想像以上の状態になっているということに違いない。

東京での地震が予見されたので、その情報を得て、わが家でも対策をたてたが、買い込んだ水と食料、ラジオ、お湯だけで食べられるカップ食品、少々買い込んでもあまり効果的には思えなかった。家の中での居る場所も2階がいいのか、1階がいいのか、また、古い木造はバサッとつぶれている状況をみて対応の効果があまり感じられず、結局いつもと同じようにしているだけであった。ただ、タンスとか本箱とかの近くにいないとか、2段ベッドの下に寝ないとかの対応になってしまった。

想像を絶するものに対しては対処のしようがないと思われてくる。多分、ビルの1階がつぶれたり、ビルが倒れるなどを見るなんて考えられなかったし、火災が起きて、消火活動の効果がないのを見て唖然としてしまった。もちろん、政府や県の対応、空からの消火活動などもっともっと出来ることがあると歯ぎしりしたが、想像を絶するもので対処、処置が考えられていなかったとしか言いようがない。改めて、トップの指導力がいかに大事かを思い知らされた。

皮肉にも、東京や東海ではなく、神戸というところが大変だったと思う。関東、東海ではある程度対処の方法が考えられており、効果的ではないにしろそれらしい地震にたいする対応ができたのではないかと思うが、今回は素人目にもはっきりと対応のまずさがわかったのである。しかし、タンスや本箱が倒れるのを予想しているのと2階が抜けてしまうのとの予想が全然違っているが。最後の切り札はまだ用意されており、温存されているに違いない。

テレビの中から被災者の顔をみたがこれだけの災害にかかわらず互助会的な思いやりが感じられた。テレビを通じてのことで現実とは違っているかもしれないが、テレビから受けた印象は非常に整然としているなと思った。昔から日本人の良さがまだ残っているんだなと思わされ、まだ日本も捨てたものではないなと改めて思った。死体の火葬ができないとか、トイレの問題とか伝染病のこととか考えるにつけ、冬であるから被災者の方々は大変だが良かった部分もあるなと思わされた。

しかし、被災者の体験談を聞いて、改めて災害のすごさを感じた。

（2011年3月11日に東日本大震災が起こってしまった）

（『電設工業』平成7年3月号掲載）

文化の違いは測れるか

初めて外国に行ったときのことである。南回りで延々と36時間近くかけてパリまで行った。最初、飛行機は北京空港に着陸する。中に紅衛兵の服を着け、銃を持った人々が入ってきてすべての人のパスポートを持ってゆく。若いのにダボダボの服をつけ、帽子を付けた少年兵たちである。空港で見た写真はすべて人々が嬉々として働いている写真ばかりだ。日本の女性をもう少し質素にした感じでぽちゃっとした清潔そうな人達だ。日本人の顔によく似ている。（今では中国からの観光客により日本のホテルは占拠されている……）

途中パキスタンのイスラマバードに着く。ここではトランジェントとして空港内におりた。夜中の10時であるというのに、人々はなにもせずにウロウロ、子供たちもウロウロしているのが目立つ。こんな時間に子供たちが平気で外にいるのである。

そして、トイレに行ってはじめて外国の実感が湧いた。そしてここは日本ではないな、外国なんだと感じさせられた。デパートのトイレの大人用で子供がやっているようなものである。背の高さがぜんぜん違う。「はあ、文化の違いは測れるなあ。」

そして、パリ。市内に入ってくるに従って私は非常にうれしくなってくる。路の両側の家々がまさに絵本の中からとりだしたような建物である。なんてことだと我が目をみはる。この時、パリはやせこけた貴族の町そのものであった。この町並みは、人々を貴族の世界に誘い入れてくれる。

霧雨の中を市内バスターミナルへと向かった。

ヨーロッパの町は非常に古ぼけた中で、がんこな頭の老人や人間たちの生活している場所ではないかと感じさせられる。日本人のような柔軟な頭や生活のにおいがしないのが不思議だ。

とてもすばらしい朝だ。

気分もうきうき走りだしたい気持でホテルを出る。エッフェル塔まで歩く道すがら、向うから来た女の子が私にむかって何か言う。タバコをくれといっている。1本抜き取り火を付けてやると（日本のタバコを、うまそうに吸っている）、非常にうれしそうにして「メルシー」と言ってすぎてゆく。

私はますます楽しく、力が湧いてくる。まったく知らない外国人に、それも異性に、タバコをもらうさわやかさはなんだろう。

モンマルトルの丘。友達がコップを落として割ってしまったのでかたずけようとすると、となりに来ていたパリジャンを連れた男が、これがまた、絵かきのようでもあり町のチンピラ風でもあるのだが、拾うなと止める。これは給仕のやることだという。そして人々も見ている。なかなか給仕がやらないので私達が拾おうとすると、また止めろという。これは、やる人間が決まっているのだという。そして、給仕を呼びつけて、かたづけろといってくれた。

もう、給仕のすることは決まっていて、それを一般人がやるべきでない、階級というか職種が決まっていて、あくまでその人にさせるというのか、そんな感じであった。この時、うっかりしてチップを忘れたのだが、本当はチップを置いて立ち去るべきであったかと、今にして思い当たるのである。


（『電設工業』平成元年2月号掲載）

片隅のプロフェッショナル
――訪米余話――

最近、驚いたことのひとつに、アトランタのホテルで泊った時のことがある。1週間あまりの旅で、クツ磨きセットを持参すればよかったと思いながら、毎日を過ごしていた。たしか、旅行案内書の隅に持参すると便利なもののリストにクツ磨きセットが入っていたような気がしたが、あまり気にもとめなかった。すでに私のクツは少々くたびれていて、クリームをつけないとツヤが出なくなっていたが、毎日のハードなスケジュールにかまけて、気になりながら、1週間クツを磨くこともなく過ごしてきた。

ホテルに入って、ロビーの片隅にかわいい娘のクツ磨きさんがいるのに気づいていた。昼間仕事が終わって、そこに立ち寄った。先客があり、ソファで待っていると、実に楽しそうに仕事をしている。席にすわると、英語で話しかけてきて、気軽である。そして、やおらクツズミを自分の手につけて、手でクツを磨きはじめたのだった。私はドキッとした。

そして実に楽しそうに磨いてくれる。私にはショックであったとともに感激した。

思わず、また、日本人はばかみたいに多くチップをくれるという評判も気にせず、チップをはずんでしまった。こんなクツミガキにも、相手を楽しませることができるのかと思い、天職という言葉が頭の中に閃いた。私は手にクリームをつけて磨いていたら、手にクリームの臭いがつかないのかしら、とか手が茶色になってしまわないんだろうか、とか気になったが、一向気にかける様子もない。日本でのクツミガキのイメージは暗くて、あまり明るくない。歩道の脇や駅構内で、おばあさんや年配の人が多く、若い人がやっているのはあまり見かけないし、道具もあまりきれいな感じではない。ボロギレで磨いてくれるケースもある。かなり事務的にやっている感じで、どうみても楽しい雰囲気はただよっていない。（今ではそんな風景はなくなった）

今まで磨きたいなと思っても、通りでやる時はよほどの必要性がないと磨かないし、このところはほとんど磨いたこともない。こんな具合に仕事ができればよいなと思いながら、豊臣秀吉の話を思い出した。織田信長のゾウリをふところに入れてあたためたという話だが、この話を聞く時は何か作為的な臭い、要領よさとでもいうのか、究極は同じかも知れないが、何か素直に聞けないものがなにか残っている。

それに比べて、何と楽しい気持ちを与えてくれるのだろうか。サービスというのはこんなことをいうのであろうか。日本に帰ってきてからも、時々、そのことを思い出して楽しい気分になる。

（『電設工業』昭和63年8月号掲載）

私の顔施

福井から永平寺に向かう電車の中、夏になってカラリと晴れてセミが鳴いている。福井の夏は明るくて涼しいと思いながら乗っている。セミの声がうるさい。山の緑が目にしみるようだ。

途中で、おばあさんが乗り込んで来ても簡単に席を代わってあげられるほど心も軽い。相当の歳である。ゆずられた席にゆうゆうと座っている。終点に着く前に降りるが、降りる時ににっこりほほえんで実に良いえがおだ。

一瞬、道元がおばあさんに変わって私に微笑んでくれたのではないかと錯覚する。お礼の笑顔がこんなに人を満足させるものか。降りぎわのにっこりと微笑んでくれたこの笑顔がよろこびを相手に十分に伝えてくれた。

そして、その品のよさ、この笑顔の持っている意味が顔施なのではないか。

ああ、これが顔施か。そういえば顔と態度で相手に与える印象が全然違う。さわやかな空気を相手に伝えることが顔施なのかと。

これが私の顔施だ。

（『電設工業』平成元年6月号掲載）

第二章　豊かさとは

ヨハネスブルグ・サミットのこと

２００２年に、８月26日から９月４日まで南アフリカのヨハネスブルグで地球サミットが行われる。10年前に行われたリオデジャネイロの地球サミットの継続である。リオでは地球環境の悪化を守るために世界の首脳が集まって取決めを行なった。

その行動計画として定められたのが、アジェンダ21と言われるものであった。温暖化の問題などもこれに含まれている。

10年前のヨハネスブルグ・サミットのテーマで、中心の話題の１つめになっているのは貧困の問題である。貧困の問題で最近聞いた話は、60億人の地球上の人口の20％に当たる12億の人が、１日１ドル以下の生活をしているという話だ。こんなにひどいとは少しも思っていなかったのが恥ずかしくなるほどだ。２ドル以下の人も50％近いということだが、約30億の人がそうである。これでは生活は出来ないと思う。

環境省の意見交換会にヨハネスブルグ・サミットに関心のある人たちが集まって、

NGO・NPOと個人のグループである日本ヨハネスブルグ・サミット提言フォーラムを2001年11月12日に設立した。私もそれに関わっていたが、貧困問題など知れば知るほど問題であると思っている。環境ホルモンから始まって環境問題を考えていたわけであるが、それから今は貧困問題に少しずつ関わってきている。国連のアナン事務総長の言葉は今の12億の人々を少しでも少なくしていきたいとのことである。

日本においては精神的貧困と言うこともいわれているが、物質的貧困についても本当に考えなければいけない問題であると思う。

この提言フォーラムは6月中旬に地球環境セミナーとしてヨハネスブルグ・サミットについての事やそれについて考えている人を呼んでセミナーを行い、広く一般の人々へもこれらの問題を考えてもらいたいと思っている。加藤登紀子さんは、現在、南アフリカの日本親善大使であり、昨年南アフリカの人と日本全国でコンサートを開かれて、マンデラさんの児童基金に寄付されたと伺った。加藤さんもこのセミナーに参加してコンサートを行なってくれるかもしれない。楽しみにしてもらいたいし、一人でも多くの人に参加していただきたいと思っている。(地球環境セミナーは実施したが加藤さんのコンサートは実現しなかった)

(『電設技術』平成14年3月号掲載)

350ppm運動

地球の温暖化を守るためには二酸化炭素の濃度がいくらなら安全かについて、350ppm以下に抑えるべきとの考え方がある。NASAのジェームズ・ハンセン氏らの科学者が提唱しているものである。ジェームズ氏は、この秋に環境のノーベル賞と言われているブループラネット賞を受けられる。

ジェームズ氏のサイトによると、ここ131年間で夏の平均気温では、昨年が2番目に暑い夏で、今年は4番目に暑い夏とされている。また、1950年から1980年間の夏の平均気温に比べ今年はヨーロッパも日本も1・5℃程度上がっている。

世界的な科学者により研究されているIPCC（気候変動に関する政府間パネル）では、地球の温暖化を守るためには、気温の上昇を2℃以下に抑え、温暖化ガスのCO2換算濃度を400ppm以下に抑えることが必要であるとしている。そのためには先進国は2020年までに1990年比25～40％のCO2濃度の削減、2050年までに80～

95％のＣＯ２濃度の削減が必要とされている。

現在、日本の南鳥島の測定では４０２・７ｐｐｍ（２０１４年）となっており、飯田橋での測定では４２０ｐｐｍとなっている。産業革命以前（１７５０年）のＣＯ２濃度は２７８ｐｐｍであり、今の世界の平均ＣＯ２濃度では３９６ｐｐｍ（２０１３年）となっている。すでに１００ｐｐｍ以上濃度が上がっている。その中で３５０ｐｐｍを守るということは、オーバーし増え続けているＣＯ２を下げていく作業となる。

ここで言っている３５０ｐｐｍは閾値《いきち》（限界値、Tipping Point）というもので環境を保つ安全な最大のＣＯ２濃度とでもいうべきもので、これを超えると現状の環境を守ることは難しい値である。

最近、３５０ｐｐｍ運動（http://www.350.org/en）というのに出会った。自然食品を扱っているデューコ・デルゴージュ（Duco Delgorge）氏に紹介してもらった。それはＣＯ２濃度を３５０ｐｐｍに守るための行動をおこそうというもので、すでに前から実施している活動だけれども、今回の活動は２０１０年10月10日に世界の人が立ち上がってＣＯ２削減に関する行動を起こそうというものであった。

実際に私が参加したのは、デューコさんの友達や環境に関心の高い人たちがオーガニックのレストランに14名集まって、食事をしながら３５０ｐｐｍの意味を解説したビデオを見たり、会費の中からペルーへ３５０本の木を植え、ＣＯ２削減について話をした。そして、その活動を３５０ｐｐｍのサイトへ載せるというものであった。

今回、ウェブサイトに出された世界からの報告を見たが、１８８カ国７３４７プロジェクトが実施された（http://www.350.org/en/report）。これを見ると、同じ志を持っている人がこんなにいるのかと心強くなる。小さな子供たちも参加している。

（『電設技術』平成22年11月号掲載）

（文中、ＣＯ２濃度は最新版に修正）

ブループラネット賞表彰式典に思う

先日、第18回ブループラネット賞（環境分野におけるノーベル平和賞といわれている）の表彰式典に参加する機会を得た。

本年（平成21年）の受賞者の一人として日本の宇沢弘文氏（東京大学名誉教授）がいらっしゃる。私は今回初めてお名前を拝見したのであるが、「地球温暖化などの環境問題に対処する理論的な枠組みとして社会的共通資本の概念を早くから提唱し、先駆的でオリジナルな業績を上げられた」ということでの受賞だった。

氏が提唱する「比例的炭素税」の制度について、1990年の地球温暖化に関するローマ会議で提案されたもので、CO2の排出に伴う炭素税の税率を各国の一人当たりの国民所得に比例させようとするものである。今から約20年前に、もうすでにこの考えが日本の経済学者としての宇沢氏から提唱されていたのである。

そして、なおかつ「大気安定化国際基金」を提唱されていて、先進工業国と発展途上国の間の不公平を緩和するために比例的炭素税がいわれているわけであるが、大気安定化国際基金は各国の政府が比例的炭素税による税金の一部（たとえば5％）を大気安定化国際基金に拠出し、その配分は発展途上国の環境保全、熱帯雨林の保全、農村の維持・代替エネルギーの開発などに利用するという制度である。まだこの考え方は政策として社会的に実現されているわけではない。しかしこのような考え方をすでに提唱し、京都議定書においては採用されなかったわけであるが、大事な考えであり、今、ブループラネット賞を頂かれたということは本当に意義のあることだと思わされた。また、そのような考えが提唱されてきたにもかかわらず、実現されていない現実とその中にあっても、環境問題について邁進されてきた氏の態度について、深く敬意を表さずにはおられない。

氏は1972年に、すでに「社会的共通資本」の概念を初めて発表され、これは自然環境が一つの社会的装置であることを意味し、一つの国ないし特定の地域に住むすべての人々が、豊かな経済生活を営み、優れた文化を展開し、人間的に魅力のある社会を持続的、安定的に維持することを可能にするものである。そして、社会的共通資本は次の三つの要素からなり、一つは自然環境：これは大気、水、森林、河川、土壌など。二つ目は社会的インフラストラクチャー：道路、交通機関、上下水道、電力、ガスなど。三つ目は制度資本：教育、医療、金融、司法、行政などの制度であり、各部門はその職業の専門家によって、専門的知見に基づき、職業的規律によって管理・運営されなければならないとされている。

講演においては、「CO2への炭素税、排出権などを利益獲得に利用することには違和感がある。近代合理主義が環境問題を起こした。もっと、アメリカ先住民族の知恵を利用し、儲けるためには何でもやるというのではなく、倫理的立場に立って考えるべきだ」との話があった。

（『電設技術』平成21年11月号掲載）

お弁当

今、会社にお弁当を持っていっている。昔懐かしい弁当だ。子どもの頃、冷たい弁当をストーブで温めて食べたことを思い出す。最近まで外食にしていて久しぶりの弁当だが、続いている。何が違うかというと、無農薬、無化学肥料のお米を炊いている。一年分はとてもないのだが、新米になって2、3カ月はこのお米が食べられる。

このお米を食べて一番感じることは、おなかが充実して減らないということ。そして、お米が冷たくなってもおいしいということである。また、おかずがあまりなくても、お米だけで十分喜んで食べている。

会社の中で、家から持参した弁当を食べるのは少し気になる。社内ではお弁当屋さんの弁当を注文しているので、同じお弁当だが、少し恥ずかしい気もして、一人で食べている。

おかずはありあわせのものだが、今は蜜柑が加わっている。これも無農薬の蜜柑で、知り合いの畑で一緒に作っているものだが、あまり手をかけていないので蜜柑もかわいそうだ。だが、今年はみかんの味が変わっておいしくなった。外見は悪いが中身は豊かな味に変わってきている。しかし、たまに〝はずれ〟もある……。

お店に食べに行くときは、どんなものにするか、その材料の出所が明らかにされていないので、農薬の少なそうなものなどを注意して食べている。が、値段の問題もあり、なかなか満足できるところは少ない。その点、弁当は朝のかばんが重くなって困るが、帰る時はかばんも軽く、気持ちも安定していて心も軽い。

最近の鳥インフルエンザのニュースを聞くに付け、これからは〝食材の信頼性〟ということが大事な要素になってきているが、今の飲食店ではその点での保障は低い。牛の食肉処理施設が集約化されている影響で、ハンバーガー1個に、米国の牛500頭の肉が含まれていると言われている。食のグローバル化により、食材の危険性は増している。

今は食材の信頼性の確保が必要となった。時代は変わったのである。

（2011年3月11日の原発後では放射能の心配もしなければならなくなった）

（『電設技術』平成19年2月号掲載）

クールビズの定着

今朝、電車に乗ったとき7人掛けの席にすべて男性が座っており、そのうちの2人を除きノーネクタイであった。反対側の座席を見ると、女性が2名で、残り5名の男性のうち、2名がネクタイ姿であった。女性はクールビズを行っていると考えて、14名中4名がネクタイ姿だった、ということになる。約30％がネクタイ組である。

クールビズもだいぶ定着してきたと思われる。わが社も6月1日から9月末まで（今では5月1日から10月末までになっている）はクールビズで、6月1日には忘れていて、最初ネクタイをしていたが、気付いてからはすぐにはずした。周りはといえば、6月1日にすぐはずさなかった人も、今ではノーネクタイである。

ノーネクタイ運動が始まったころは徹底していなくて、皆まじめでなかなかネクタイを取ろうとしなかった。

しかし、室温の28度の設定はさすがに暑い。部屋を暖房しているような感じである。隣の席の人は小さな卓上型扇風機を持ってきて、自分の顔に風を受けている。これではクールビズにはならないが、本人にとっては苦肉の策なのかもしれない。

大概のときはノーネクタイで過ごすが、たとえば事故を起こして謝りに行くときなどは、多分、ネクタイが必要であろう。相手がネクタイをしているのに、こちらがノーネクタイで謝っているのでは、相手のボルテージもますます上がってしまいそうだ。

うちわもだいぶはやっているが、扇子を持つ人が多くなった。私も持ち歩いて時々使っているが、それ以外に、家には家族から贈られた扇子が置いてある。

(この扇子も持ち出して使っていたら飲み会の時に落としてしまって今はない……)

(『電設技術』平成19年7月号掲載)

技術革新の効果

今朝のバスには暖房がはいっていた。今年になって初めてである。急に寒くなったものである。ちょっと前まではまだ夏の様相をしていたのに……。

このところ秋冬、春夏の中間の季節が短くなったような気がする。これも地球温暖化のせいなのかと思う。この間、秦野の「たばこ祭り」で花火を見たのも何か遠い昔のような気になってしまう。「たばこ祭り」の花火は、ちょうど我が家から山越にみえる。時々はビールを飲みながら、2階の窓を開け、あかりを消して見ている。今年はビールは飲まなかったが、寝転んで見ていた。

いろいろな花火がたくさん上がっている。やはり景気は以前より良くなっているようだ。連続して花火が上がってなかなか止まらない。ふと気付いたのが、花火の煙が少ない。昔は花火の煙で次の花火が良く見えないことがあったが、今年はそれがほとんどない。花火も煙が少ないものが開発されて使用されているのだろう。私は仏壇に線香をあげるときに煙の少ない線香と言うのを使っている。花火もそうなのかなと思う。技術の進歩はさすがだと思う。先日もトヨタのプリウスを運転する機会があったが、バッテリーとモーターを有効利用して充放電を繰り返しながら、燃費がかなり下げられているのにはコロンブスの卵的な感じを持った。

技術の進歩はたいしたものである。しかし、地球温暖化の問題は人口問題でもあり、先進国の生活が及ぼす影響は多大である。日本人（先進国の中でもエネルギー消費が少ないと言われているが）の生活を世界の人がすれば、地球は2・5個（2008年で2・3個）必要だと言われている。米国人の生活を世界の人がすれば、5個必要となる。そして、今人口の多いインド、中国の人たちが工業化により先進国の後をたどっているため、ますます温暖化問題は避けて通れないものとなっている。日本では京都議定書により法的に6％のCO2削減が決められて各企業はそれに向かっているが、実際問題としては6％ではなく50％以上の削減が必要であり、ヨーロッパ（EU）はそれを目指している（現在は2050年には80％の削減、2100年には排出を0にすることが必要であり、技術の進歩によって脱炭素社会へのブレークスルーがなされることを望んでいる）。

（『電設技術』平成18年11月号掲載）

バランスの崩れ

地球環境が悪化したという事は、自然の調和が崩れた事にほかならない。私たちも平均台でバランスを崩すと落っこちるが、地球も同じであろう。

私自身はあまりバランス感覚のいい人間ではないと思っている。何か一つの事に対して、どうしてものめりこむ傾向がある。これは、そのように育てられたからかもしれない。これに比べて、子供達のバランス感覚の良さにはおどろかされている。

今、地球はバランスが必要になっている。二酸化炭素（ＣＯ２）等が急増し、温暖化という問題が起きているのも、大気のバランスが崩れたからである。進歩という事は、少しバランスを崩しながら先に進むという事であるが、それは良い意味でバランスを崩す事であり、崩れてもまた進歩と言う形で元にもどれば良いと思う。しかし、今は平均台から落っこちる寸前である。

かつて、冷戦中にアメリカとソ連が戦争を避けるために戦力を拮抗させてバランスを保っていたが、あまりいい意味のバランスではなかったと思うが……。
今、地球にとってはこのバランスが一番大事になっている。この地球上では、世界人口の5分の1に当る12億人が1日1・25ドル以下の貧困生活であり、11億人が安全な水を飲めない生活であるという。（2015年には1日1・25ドル以下の貧困者は8億3600万人に減少している）
私たちの社会は工業社会を経て情報社会に入っているが、経済優先社会であり、望まれる経済の前に環境を配慮するような環境優先社会になるには、まだ道のりがある。人口増加、化学物質の氾濫、農薬による土壌汚染、著しい貧富の差、食糧不足、戦争、エイズ、難民問題などなど、自然のバランスが崩れ、心のバランスも崩れた状態が今なんだと思う。
「バランス」を英語の辞書で見ると
Balance：（重量・勢力などの）均衡、つりあい、バランス、（心の）落ち着き、平静、（美的な）調和
Harmony：（行為・考え・感情などの）調和、一致、和合、（音・色などの）ハーモニー、調和、（全体の中での）バランス
とあり、バランスにはつりあいという意味だけでなく、調和という意味も含まれている。

今は、行動も何をするにも、すべてバランスが大切ではないかと思う。そしてあまりに強く行う事はバランスを失う事であり、バランス良く行なう事が、最も良く行う事であると思う。

昔、親父がよく「ほどほどでいい」という事を言っていたが、こうしてみるとなかなか味のある言葉である。

そのうちに「腹八分目」という言葉も思い出した。

（『電設技術』平成17年11月号掲載）

環境優先企業の進む道

私たちは、この時代に生まれて社会で生きていく以上、より快適で、将来性のある世の中を作り上げ生活していくべきであると考えている。しかしながら、気づいた時には環境に関しての問題点が多く出ている。そして、そこでは今まで通り生きていくことは不可能な時代になっている。早くかじ取りをすべきであるが、政府はそれへの取り組みも積極的ではなく、企業も一部の目覚めている人々を除いて相変わらず収入を上げることに終始している。今、私たちは生活様式を変え、環境にやさしい生活をしていく必要がある。それには一人一人の心を変えていく必要がある。

CO_2濃度は396ppm（2013年）になっており、その影響で地球の温暖化が起きているのは明らかである。その中で私たちは二酸化炭素の排出が少ない生活様式を選び、水についても配慮した生活が望まれる。自分の頭では分かっているつもりでも行動に表れていないことに気づかされる。今取り組まれている350ppmに抑えるCO_2削減のキャンペーンは世界を変えていく要素であると思う。それを一人一人がどのようにとらえていくかということが問題になってくるのではないだろうか。今何をしなければいけないのかといえば、まず、CO2の削減であり、そして、環境ホルモン問題では農薬の問題である。無農薬による野菜を作ることにより環境ホルモンを削減するとともにそれがCO2の削減につながる。このように循環できる社会が望まれている。循環型社会とは何であろうか？　それはエネルギーも食料も水も全てが循環していく社会のことである。そして人体もその中に入っている。

地球の温暖化問題では二酸化炭素の濃度があがっているため温度が高くなっており、ジェームズ・ハンセンさんによれば、このままでは制御できなくなるティッピング・ポイントに近づきつつある。そのためにはCO2濃度を350ppm以下にまで抑える必要がある。私たちは会社でも家庭でも多くのエネルギーを使っているが、それらはすべてほとんどが化石燃料より作られていてCO2を発生させて作られている。エネルギー使用やエネルギー効率を上げて利用量を削減することが必要である。そしてまた同時にそのエネルギーの作成には太陽熱のようなクリーンエネルギーを利用していくことがCO2を削減させる方法である。企業においては企業の政策と環境を連動させることが必要であり、環境保護の上に載った企業活動が望まれる。あくまで企業としての活動は環境を圧迫しないものでなおかつ企業としての責任で自分の環境負荷については負担するという考えで取り組むべきであると思う。しかし今の段階ではその負荷が明らかになっていないため分からないということも内在する問題ではないかと思う。世界の優良企業は環境を意識した行動をとっている。自らが考え、自主的に行動をとっていくべきで法律やルールによって守るべきものではないのが環境問題であると思われる。

（平成24年6月記）

あるインテリジェントビルの完成

それは私が米国で最初に見たインテリジェントビル（ＩＢ）に近いものが完成した。テナントビルにおけるインテリジェント化がほぼ完成した。日本も進んだと思った。インテリジェントビルの始まった頃の米国でのサービスやシステムがそれ以上のものになって一般テナントビルに完成した。それは日本におけるＩＢの定着であろうし日本式ＩＢの完成である。

今は以前のインテリジェントビルのフィーバーがうそのようである。

・シェアードテナントサービス（ＳＴＳ）……ビル内で共有使用するＰＢＸや情報通信系の先行統合配線システムのテナントへの提供。
・ＩＣカードを使用した入退室のセキュリティー管理。
・ＩＴＶを利用したビル内監視システム。
・テナントの光熱水利用量の集計からテナント賃料を含めて、テナント管理システムによる料金請求システム。
・多機能電話を利用した空調延長予約とその利用料をテナント管理システムで自動的に請求するシステム。

当初、インテリジェントシステムでさわいだものが、今ではどんなシステム化されたサービスを提供するか、又お客様ニーズに合ったものを提供するかに変わっている。このビルのパソコン利用率も1人1台から多いところでは、1人2台使用している。テナントビルとして標準的に装備した1人1台の電話とOA端末1台の情報用コンセントでは収まりきらない時代になっている。

業務も少しずつインテリジェント化の波にのって変わっているようだ。連絡事項は電子メールで来るため、メールを見ないと行事予定がわからない。ICカードでの入退室の操作についても、慣れてきてビルとしてのセキュリティー機能のアップにつながっている。確かに業務内容はグレードアップしているんだと思われる。家庭からアクセスできるのも近い。

インテリジェントの発祥が1984年だから10年ちょっとで完全にIB化は進んだ。本当にすごい国だ日本は。

システムインテグレーションからサービスコンプレックス（サービスの複合化）の時代になっている。サービスが相互に影響を与え、相乗効果と新たなコンプレックスサービスを生み出す。そして飛躍的にサービスグレードが上がる。

逆にシステム相互にコンプレックスサービスの考え方が入っていないと、トラブルが起きる。考え方が相反するものもでてくるわけで、単一サービスを並べるような単純な考え方では終わらないと思う。そしてその原因もわからないことになるかも知れない。コンプレックスサービスを提供しないと整理できない現象がおきてくるのではないか。

１つのテナント向けインテリジェントビル完成に想う。サービス間を調和したコンプレックスサービスを生み出すシステムデザインが大切になっていると。

（『電設工業』平成９年４月号掲載）

民主主義の正義とは

ＮＧＯの打合せで感じた事は、正しい、良い事がかならず決定されるというわけではないということだった。正しい、正論と思う事でも、しばしば反対にあって決定されない事が多かった。もっとも、その会では全員一致での賛成、つまり、反対者が一人でもいれば決定されないという暗黙のルールがあって、何故かいつも正しい事がなかなか決められないのだった。それから民主主義への疑問が湧いてきた。

みんなが賛成すれば、正しくない事でも決定されてしまうのが民主主義である。イラク戦争に見る国連の態度にも、それが表れている。各国が自国の利益のみを考え、自国に有利な事ばかりを言っていて、良い方向に進んでいないのは周知の事実である。加えて、否決権もあるのだから、なおさら大変である。

今、国連が危機に立っているのは、今までのように国連が平和の象徴のように思われていた時代と違って、国連が本当の姿を見せているという事かもしれない。イラク戦争でも、アメリカの独走により戦争にまでなってしまったのを、国連は止める事ができなかった。「民主主義」というと正しい事のように思っていたが、いかに民主主義があてにならないかという事でもある。民主主義の決議では、5人の委員がいて3人が間違っていると言えば、それが正しい事でも多数決で間違いと決まってしまうのである。それが民主主義の実態なのだ。私は〝民主主義による決議〟という言葉に目を眩《くら》まされ、正しい事だと思わされていた自分に気づかされた。と同時に「全員一致」という言葉も玉虫色で、一見よく見えるが、足を引っ張る人がいて、なかなか良い決定はできない。

（『電設技術』平成18年3月号掲載）

バランスについて思うこと

最近バランスが大事だと思うことが多くなった。どうも私の場合はやりすぎる傾向にあるらしい。日本人の場合は皆そうであるのかもしれないが。

家庭と仕事のバランス、遊びや趣味とのバランスなど。若い時は仕事一辺倒で来たものだが、最近仕事一辺倒の人を見ると大丈夫かなと思ってしまうからだいぶ考え方が変わったと思う。

土日のスキーに行くために週日は仕事に励んで休みを十分に堪能したこともなつかしい。朝早く友達から電話があり、今も会社で働いているという。聞くと土日も仕事だといっている。思わず大丈夫かと言ってしまった。会社内の仕事の分担もバランスが大事だと思う。どうも組織というものは出来るとその組織のルールの中で泳ごうとするから仕事のバランスが崩れてきても保守的になり守ろうとするものらしい。アンバランスのまま動いているのに気付くが誰もそれを変えようとするものはいない。誰かが作ったルールなのにそれを変えるにはエネルギーがいる。バランスの中に調和という言葉の意味も入っているのだろうか？　調和という言葉にはバランスよりもう少し心を和ませる要素が入っているような気がする。

今、地球環境を考える時バランスを欠いていると思ってしまう。農薬の使用により生物のいなくなった黒々とした田、遺伝子組換えによってつくられた虫の付かないもしくは蝶が食べると死んでしまうような大豆やトウモロコシ。コンクリートジャングルになって舗装されてしまった道路や空き地が水の循環系を分断しているように思われる。

私たちが技術指向で目指してきた明るい未来に対してどうしてこんな事になってしまったのか。繁栄の結果がこれではバランスを欠いていたとしか言いようがない。

自分達の欲求や欲望を満たすためにまた、個人や企業の利益追求の結果がこうなってしまったのであろうか？

しかし、この形は今も続いているし個人としてもそれを享受している。

農薬などの化学物質が環境ホルモンとして作用し、生態系のバランスを崩し、雌雄の中性化さえ起きてきている自然界である。人間に影響を与え、生物の種の保存が難しくなっているのを見るにつけ地球上におけるバランスが崩れているのを感じる。オゾン層の破壊にしてもそうである。今までのレールの上を走るのではなく地球環境との調和の上にレールを敷くべきであると感じる。自然と人間は今まで調和しながら生きてきたはずであり、その延長線上で発展してきたがここに来て考え直さざるを得ないと思う。自然との調和ということを。

しかし、毎日決まったように時間が過ぎ、レールの上に乗っている自分自身を見る時に調和の現実とは程遠い所を走っているような気がする。また、企業は自社の利益追求を行なっている訳であるし、政治を変えるしか方向転換は難しいのかもしれない。最近見た地球環境の雑誌に環境保護団体がたくさんあるのに気付いた。行政寄りの組織から個人で集まっているものまでこんなに多くの人達がその意識を持って前から取り組んでいるのかと思うとちょっとホッとした。私としてもお湯の使用を控えるなどの小さなところから自然との調和を考えて生活に反映していきたいと思う。また、宇宙船地球号を守るためには生態系の大きなバランスを保つ事にも取り組んでいきたいと思う。

(『電設技術』平成13年3月号掲載)

豊かさとは

昨年の（２００２年）８月26日から９月１日まで南アフリカのヨハネスブルグで行われたヨハネスブルグ・サミットに参加した。これは地球環境や人権を守るため政府、産業界、ＮＧＯ等の参加したサミットで10年前にブラジルのリオ・デ・ジャネイロで行われたリオ・サミット（地球サミット）から10年目としてその検証や新たに生じた問題を話し合うための国際会議であった。

南アフリカといっても会議場のあるサントンはニューヨーク並みの都市で、治安の悪さは行く前から脅しのように聞かされていたので、ほとんどの時間は会議場とホテルの間をシャトルバスで往復する毎日だった。一度だけソウェトの街（South West Town の略）を案内してもらった。そこには出稼ぎに来ている単身者の住んでいる寮，若い夫婦が住んでいる家庭や虐待を受けた子供たちを引き取っている施設などがあり駆け足で見せてもらった。

このサミットを通じてふと疑問に感じたことは、果たして日本は豊かなのかということであった。ＮＧＯの展示場やセミナーに参加したり、会議に参加していて疑問が湧いてきたのであった。日本は経済的に、物質的に豊かではあるがそれが本当の豊かさなのかどうかということが漠然と頭に湧いてきた。屋外の市場にいる南アフリカの子供たちの豊かな笑顔は何なのか。日本の子供たちの顔から笑顔がなくなっていることの方がよほど問題であると思った。また、案内してくれた黒人の運転手のルイさんは昼間子供たちを見かけたらどの子供でも学校につれていく、制服でどの学校かが分かるからだ。そして、日曜日には施設の子供たちを車で海に連れて行くボランティアをしている事も話してくれた。

帰る少し前にシャワーを浴びながら気付いた。豊かさとは自分自身でいる事ではないかと。経済的に、物質的に豊かである事だけではなく、その人がどのような環境にいてもその人自身であることが本当の豊かさなのではないかと感じられた。アフリカの子供達を見ていて、私の子供の頃を思い出させられた。いなかで物はなく貧しかったが自動車とかに乗るだけで明るかった気がする。

貧困ということは物がなくて貧しい事ではなく、心が貧しいことであると気付かさせられた。この地球は私達が環境問題に取り組んでゆかなければ住めない時代に入っている。しかし、まだまだ自分の会社だけはと思って、環境のことを考えないで利益追求している企業も多いと思うがそれでよいのかと思ってしまう。また、戦争も避けて欲しいと思う。

（『電設技術』平成15年2月号掲載）

第三章　わしがやらねば！

わしがやらねば！

広島にいた時である。岡山電気通信部長であった世良　健さんの本に出会い、その中で紹介されていたのが平櫛田中《ひらぐしでんちゅう》さんの書であった。

「いまやらねばいつできる　わしがやらねばたれがやる」

力強い言葉に驚いた。

彫刻家平櫛田中さんの厳しい言葉である。一人称で仕事をして自分がやらねばならないと改めて思わされた。実際にそれを守ってゆくことはなかなか難しいものがある。しかし、その中で本気で取り組めばまた、周りも動いてくれるのも事実である。

「わしがやらなくとも誰かがやるだろう。わしが言わなくとも自然にわかってくれるだろう。やりにくいこと言いにくいことは避けて通る人。また、自分はこんなことはやりたくないのだが、上の人がいうからやってくれと部下にいって責任を取ろうとしない人。また、適当に考えて悪ければ上の人がなおしてくれるだろうとじぶんのしごとを人ごとのように思っている人……。……こんなことでは何一つよくならないし、こんな人は何人いたって役に立つとは思えません。わしがやらなくてだれがやるのだという強い信念を持って仕事をすることが、これからの時代にますます強く要求されることであると思っている私にとって「田中」氏の言われた言葉は私の心に沁みこんだ永久にはなれないものになる事でしょう。」この世良さんのお言葉は優しく理解を深めてくれる。

この田中さんに会ったころ。真藤恒さんが電電公社の社長になられ、しきりにこの第一人称で考えろと言われた。火中の栗を拾わなければだめだということであった。「水に飛び込まなければ泳ぎが覚えられないのと同じで、自主性のある仕事、新しい開発は勇気あるものや世の中に貢献したいと志すものでないと生み出せない。」と言われていた。

平櫛さんのこの言葉は私を捉えて、いつしか私も「いまやらねばいつできる　わしがやらねば誰がやる」というふうに覚えていった。不思議な出会いで職場でもこの話はしたことがある。時々この言葉を思い出して噛みしめてみる。また、そのころ世良さんの息子さんが広島におられ一緒にインテリジェントビルの取り組みやセミナーなどをさせていただいたのも懐かしい思い出の一つである。

レスター・ブラウン氏

5月23日に国際展示場で開かれた、2006NEW環境展に参加したが、その盛況ぶりには驚いた。裁断機で小さくしたプラスチックがトン当たりで売れているそうである。ビジネスとして、いろいろなものが考えられている。東北で開発されたと聞いた木の圧縮材（ペレット）によるペチカストーブも盛況であった。

その時に地球環境の第一人者であるレスター・ブラウン氏のシンポジウムに参加した。その後サイン会があり、記者によるインタビューが行われた。お話を聞きたいので私も参加したが、その参加人数の少なさには驚いた。数人であった。これだけ世界的に有名な方でもこんなに少ないのかと思った。

記者の質問に対して、「環境問題が悪化していくスピードが速いので、通常の問題解決方法では追いつかないと考えている、マスコミを通じて世の中を牽引していくんだ」と言われた。倦まずたゆまず取り組む姿勢、誠実に対応されるその人柄に私は惹かれた。

氏は米国ニュージャージー州生まれ。ラトガーズ大学、ハーバード大学で農学、行政学を修め、農務省の国際開発局長を務められた。74年に地球環境問題に取り組むワールドウォッチ研究所を創設、地球白書を創刊し、現在はアースポリシー研究所を創設して所長に就任されている（2015年現在、アースポリシー研究所は閉鎖されている）。

「環境問題について理解を示さない物分りの悪い上司に対してはどうすればいいですか」という質問への「私の本を読んでもらえばいい」という単純な回答にも驚かされた。

さらに、「環境問題に楽観的ですか、悲観的ですか」と聞かれ、「1989年にベルリンの壁がくずれた。共産主義は資本主義になり、政治の転換が生まれた。政治学者のなかで革命を予見した人はいなかった。同じようなことが環境にもおこりうると思う。」と言われた。

現在、プランB2と言うプロジェクトが動いており、それはレスター・ブラウンさんの最新本『プランB2　エコ・エコノミーをめざして』を贈呈するプロジェクトであるとのことだった。5冊以上を購入し友人、知人に配るものである。米国のテッド・ターナー氏は3500冊を贈呈されたとのこと。私もプロジェクト参加を申し入れた。

（『電設技術』平成18年7月号掲載）

環境問題へのかかわり

地球環境の悪さを痛感するにつけ、本気で自分が取り組んでいるのかと疑問に思うことがある。というのは、こんなレベルでは世界の環境問題に取り組んでいけるとは思えないからである。知れば知るほど大変だとわかり、そして多くの人が環境問題をわかってそれに取り組んでいても、現実は進んでいないという事態に直面している。

現にイラク戦争が始められて、もっと悪い方向に進んでいる。問題は環境問題だけでなく、戦争、平和、人権、人口問題など多岐に渡っている。果たして私はどうすればいいのであろうかと思う。政治的に問題があるとわかっているが、それでよくなっていくか疑問に思うところがある。それは民主主義の原則にのっとり、物事が決まってゆくからである。日本ヨハネスブルグ・サミット提言フォーラム（2002年、南アフリカで行われたヨハネスブルグ・サミットのための政策提言NGO）で、民主主義の課題（多数決による決議）も感じさせられた。民主主義による多数決はオールマイティではない。それは、いくら良い意見が出てもみんなに支持されなければ実現しないからである。ましてや少数派の反対に足をひっぱられて全員一致などとしては決まるものも決まらない。国連のイラク戦争反対に対する決議もできずに、それに対する国連の力のなさを感じさせられたことも意外であった。そして、現に米国の大統領選挙で、あの強気一方で戦争を指揮しているブッシュ大統領が再選された。米国の知識人の住む州ではケリー氏が選出されたとの報道も聞いたが、米国全体では選ばれなかった。これが米国の実態なのであろうか?これが政治におけるひとつの問題と思われる。

しかし、それにもかかわらず政治により世界を動かしている。日本の公害問題でも、なかなか国が認めなかった経緯もある。(人間は愚かなり……)

私たちが培ってきたものが、少しでも反映されるように環境問題に取り組んでいくことが必要であると思う。自然環境を守るには、一人ひとりがその立場で「足るを知る」ことにより、守られてゆくのではないかと思う。また自然順応によってそれが解決するのであろう。無化学肥料、無農薬栽培により作物をつくる自然農法は、その大事な解決方法の一つである。すべての人がそれを理解し、取り入れていくことにより本当の解決になると思う。そこに行くまでにはかなりの道のりがありそうだ。

一人ひとりが真の人間になることが真の解決になるのであろう。それには私もそれを目指さなければ、いや目指さなければではなく、自分の考えや意志を尊重して進んでいけばそこに行き着くというほうが望ましい。それにはどの道を歩むのが私の道なのか？それは本当に私が欲しているのか、欲した道を行くことが真の人間への道になるのか？

自己の良心に恥じることなく、自己の内面からの欲求を満たしながらその道を歩む時に真の人間への歩みとなっている道。そうすれば人に強制することもなく、自分に「ねばならない」と強要することもなく、自由に歩きながら真の道を歩める。それが自然体で歩ける道なのかもしれない。自然環境を尊重しながら歩める道であり、自分の気持ちを曲げることなく、また強要することもなく自然体で歩める道でありたい。

それを可能にする心のあり方を培っていくことが、大事なものとなるのであろう。そうか、これが自分の普遍的な道になることを祈る。

落ち着いて一歩を歩め。

自分の道を。

（『電設技術』平成16年12月号掲載）

トップの意識改革

先ごろある会社の社長から経営方針について話を聞いたが、利益追求の話ばかりで環境に関する説明は一切なかった。計上されている予算もない。質問したが、「環境を守らなければ」という意識が足りないのだ。環境についてはグループで考えているからとの発言である。一部上場企業の社長ですらこんな状況である。一人称で環境のことに取り組んでほしいと思うが、問題意識がないわけで、こんな対応では環境は良くならない。

この会社は日本でも優良企業であるが、そのトップがこんな意識である。環境に対する負荷を考慮した経営が必要とされているのに、考えられない。2005年3月世界の第一線の科学者1360人による研究報告の「ミレニアム生態系評価（MA）」によれば、「産業界特に最も有力な産業組織としての企業が持続可能な社会の構築に主導的な役割を果たすことが絶対に必要だということである。」（地球白書2006・07ワールドウォッチ研究所より）

二酸化炭素を減らすのも産業界が本気にならなければいけないのに、これではどうするのか？

少なくとも企業として自社の二酸化炭素発生、またはエネルギーの使用に対して、環境への応分の社会的還元が必要である。それから、新規に事業を行うごとに何ら環境的な考慮がされていないのでは、搾取以外の何者でもない。社会的責任を果たす必要がとりだされている今、企業の社会的責任として一番求められることであろう。

企業としての利益追求だけでなく、環境における社会的責任を抜きにしては今後の社会は成り立ってゆかないのである。環境という大きなベールで包まれたなかで、企業活動というものがなされる風になっていかなければならない。一番社会へ影響を及ぼすのが、企業活動なのである。その企業が環境への配慮なくしては、今後の社会は成り立たない。しかし、環境革命を起こすためには企業といえども個々人の、特にトップの意識革命が必要であると痛切に感じる。

（『電設技術』平成19年6月号掲載）

今年の花

今年（2007年）の花の咲きかたは変な感じだ。

いつも、都心と神奈川南部では体感的には2℃ほど温度が違う、都心のほうが低いと感じている。なのに、今年の桜は都心のほうが早く咲いた。桜が咲いたと思ったら、つつじなども咲いた。少ししてから藤の花が咲いているのにも気づいた。

温暖化のせいなのだろうか？　昨年もいっせいに花が咲いたと感じたが、今年も同じように感じている。

そして、桜が散ると山は若葉の山に変わっていた。数日前には満開だった桜も散って葉桜になってしまった。なんだか季節の順序が少しずつずれてきているように感じているのは、私だけだろうか？　女房は「都心のほうが温度が高くなっているのではないの」とこともなげに言っているが、私は気付かないうちに、季節感が少しづつずれ始めてきているのではないかと思っている。つつじが咲いていて、藤も咲いている。今までは、これらの花が順々に咲いてきていたような気がする。

が、今年はすべてがいっせいに花開いた、というイメージだ。温度変化が激しくなってきて開花が促されるため、いっせいに咲いてしまうのだろうか？　最近、それを感じさせられる。それも日向と日陰でそれが顕著で、日向では咲いているが、日陰では咲いていないというふうに。

温暖化で話がよく出るのがツバルという南の島で、海面の水位が上がって水が島の中に入ってきている状態である。このまま行くと、ツバルの国の人達はどこかに移住しなければならないが、日本はツバルの人達の移住先として受け入れられるのだろうか、と思ったり、ツバルの人達はそれをどのように感じるのであろうか、と思ったりする。

人は移動できるが、植物は種になって移動するしかできないので、そんなに遠くには行けない。九州の気候が東京の気候になるくらいの温暖化なのだから、当然、植物には生き残れないものも出てくるだろう。

休日に鯉のぼりがゆうゆうと泳いでいる庭を見て少しほっとした。少なくともここにはいつもの季節感が残っていると。

（『電設技術』平成19年5月号掲載）

2006年ブループラネット賞

昨年（2006年）、第15回ブループラネット賞（環境部門におけるノーベル賞といわれている）の授賞式が11月15日（水）にあった。受賞者は日本の宮脇昭《あきら》博士：国際生態学センター研究所長とインドネシアのエルム・サリム（Dr. Emil Salim）博士：インドネシア大学経済学部大学院教授、元インドネシア人口・環境大臣の二人であった。

宮脇博士は「環境を守る事は命を守る事である」「本物が大切である」と言う事をしきりに強調されていた。もともと雑草学から始められた人で、農家に生まれて子ども心に雑草取りの大変なのを見られて、雑草取りを毒をかけずに簡単にやれたらとの思いで、この道に入られたと言われていた。大切な事はその土地がどんな潜在自然植生、その土地固有のもともとの植物とでもいうものを持っているかということ、それが大切だといわれ、実践してきている人であった。日本では全国にある鎮守の森が環境を守る大事な役目をしてきた。また神戸の地震の時に木が生えていてそれが延焼防止に役立ったということを言われていた。そして、3年たったら管理しなくてもよいのがその土地の本来の木である。本物は根で勝負する。なぜ、本物にこだわるかと言うと、本物はとても厳しい条件に耐えて長生きする。そして、本物によって背骨の森をつくって行く。その土地の木であれば3年で3m、6年で6mに成長すると言われた。それが生物の本能である。木を植えよう。木を植えながら考えようと言われた。地道に足元から木を植えてゆく。日本の場合、森が少ないので家の周りの土地も使って木を植えてゆく。都市は森を破壊して文明を使って破滅した。砂漠の2／3は人間によってつくられた。残りの1／3は非常に条件の厳しいところである。今、世界で潜在自然植生に根ざした植樹を実施しておられて、中国での体験も話されていた。

サリム博士は生活は簡素に、理想は高くと言われた。世界の20％の人がリソース（資源）の80％をコントロールしている。80％の人は残りの20％しかコントロールしていない。このような不平等な競争の基に世界は成り立っている。弱いものと強いものとが競争しなければならない状況であり、企業は株主の利益を優先し、環境はイメージ作りのためとしかみなされないことが多い。地球は今まで再生可能か、再生不可能かは考えてなかった。共有地の悲劇で空気を自由に使える共通の材料と思ってきた。それが地球温暖化につながってきた。政府の政策は選挙のサイクルによって影響されている。従って、短期的課題に取り組み、長期的課題（環境のような）は忘れられている。民主主義の体制下では選挙で選ばれるため実業界からのサポートが必要で、企業が政治的に儲かるように考える。少数派の恵まれない人のために政府が介入する事が困難になっている。政府、非政府、市民のトライアングルが必要である。また、経済も社会も環境も束ねて考える事が大事でそれらを同時に達成する。政府、企業、市民社会の平等の関係を組み合わせて束ねることが必要であり、そして、民主主義の精度を高める。

自然…生態系ネットワーク、人的…教育・人的資源、社会…ソーシャルネットワーク、金融資本、人的資本共にあるというアプローチが必要。

あなたと一緒の私。利他愛の一体感。ひと、民族、宗教などに関係のないという考え方が大切。船の能力を超えないように船の喫水線《きっすいせん》に目を光らせているように、地球における自然の喫水線を考えていく。やりすぎてはいけない。自然も再生産できる範囲で使う事が必要である。エネルギー効率を高めてクリーンエネルギーを使い、環境にやさしい都市にする。省エネルギーをする。考え方を物質から精神的なものに変える。大量消費から少量消費にライフスタイルの変更をし、簡素な生活をする努力が必要である。ヒューマンキャパシティのアップ。ネットワーキングが必要で強制の形を持ってやる。開発は己のみではなく皆が一緒にすることだと思う。特にこれはアジアにとっては大事で、人間と自然の和、人間と社会の和が大切とされている。それを育てていく事が必要であり、土壌を豊かにする必要がある。そして、企業のリーダーの参加、市民社会のリーダーの参加が必要。２０４５年には取るべき魚がいなくなる。水は酒よりも高価になる。政府はビジョンを持って、ビジョンを立てる事が必要で、生態系の保持能力にそって政策を取ることができればいい。今後はエコシステムがメインシステムで生態系の基に経済を考えていかなければならなくなった。今まで環境の変化に対応できなかったから文明の破壊が起きたが、我々の世代は対応できる。政治的意思があればできる。必要なのは、何かをしようと立ち上がることだ。

サリム博士は２００２年のヨハネスブルグ・サミット準備会合の議長として、ヨハネスブルグ・サミット実施計画の原案作成および合意形成に尽力された方で、レポートの中にサリム博士の名前があったのに気づいた。

今回の受賞者は、改めて環境を守る事のために実践されている方々が表彰されているとの思いを強く持った。

（『電設技術』平成19年2月号掲載）

地球倫理について

最近感じていることは地球倫理の必要性ということです。ここで言っている地球倫理とは地球を使う者として最低守るべき自然尊重と人間尊重に基づいた共通のルールとでもいうべきか。

地球環境はかなり悪くなっており、特に環境ホルモンについては目に見えないところで密かに侵攻しているような恐ろしさがある。農薬は土壌を傷め、蛙や虫の住めない田んぼになっているのを見てわかるように、自然循環における生態系の破壊が行なわれている。そして、それは顕著に水の汚染等に表れている。これらのことは地球規模での問題であり、何とかしなければと思うが、それは世界の人々が共に考えないと良くならない。

個人としての問題意識と国レベルでの問題意識や取り組みと世界規模での共通認識に立った取り組みに分けて考えなくてはいけないのかなと思っている。

家の中でも電気を消すが不要な電気を切ることは単に節約というだけでなく、環境汚染につながるための節電と今では思い始めた。顔を洗うお湯も昔は水でしか洗わなかったのにお湯を使っていることに対して、ガスを使用することによる地球温暖化等の環境悪化に繋がっていると思うと、なるべく水にしようと意識し始めた。

そんな事当然だよと言われるかもしれないが、私としてはやっと気付いたというべきか。そうは言ってもやはりお風呂は止められないし、毎日入りたい。

しかし、個人レベルで気付いても地域や国のレベルで実施していかなければならない。意識を変える所に向わなければいけない。

サービスから捉えると、例えばホテルのサービスでお湯が使えないというとサービスの低下に繋がるからお客も減るだろうし、一つのホテルだけで実施することは難しいことになる。

これらのことは個人の自覚を基に実施していく問題だと思うが、人間そんなに立派に出来ていないから、できるかどうかは分からない。我が家のゴミの分別が最近変わったがそれを分けるのさえ大変だと思ってしまう。

そしてそれが国家間の自覚という事になるとなおさらのことであろう。

建築の世界において、エネルギーを排出する物を作っていく訳だから環境破壊に手を貸しているようなものである。環境を考えないプロジェクトは成り立っていかないのではないだろうか。

各自の快適な環境を保つ事が環境破壊に繋がるとすれば、今後の快適さの追求はどうなるのか？

快適な環境にも自然尊重の考え方が求められる。

個人の視点は世界的な視点に繋がるという考えを持って、今後の地球環境について地球倫理の観点から考えていきたい。

（『電設技術』平成12年3月号掲載）

心を尽くすぜいたく

今の人の行いは「心がない」とよく言われるが、私自身も時々心のない行いをすることがあると感じている。生返事で物事を行ってしまうのだ。特に、妻との会話などでは相手が勢い込んで話してくると、生返事をしたり、新聞を見たりしてしまう。心ない行いだとは思うが、何故かそうしてしまう。

〝忙しい〟というのも心が亡いと書いて忙しいという字になるので、心のない行いであろう。忙しいことを得意とするのはビジネスマンだが、自分を切り売りしているような感じがある。

何事でも意欲を持って心を込めた行いは、後々まで心に残っているような気がする。後で思い出しても、楽しい思い出として残っているような気がする。

〝心を尽くす〟ということはどういうことなのだろうか？

通り一遍で行動するのではなく、深く考えて行動することを言うのだろうか？行動することの意味を理解して、深く関わって行動することなのだろうか？　あるいは、意欲が湧き出て実行へと移った行動なのか？　いずれにしても、心を尽くして一つのことを行った後には、一種の満足感があり、心身ともに充実するのではないだろうか？　本当の意味で、ぜいたくな時間を過ごしたことになるような気がする。それは、単に行動に時間をかけるということではないと思う。時間をかけて良いこともあるが、そうでないこともある。時間をかけ過ぎて、弛緩《しかん》してしまうこともあるので、時間をかければ良いというものでもない。が、そうは言っても時間も必要だと思う。現在のように時間に追われている生活では、心を尽くして何かを行うことは、真にぜいたくなことであるとも思う。心を尽くすことにより、魂までつながる喜びというものが喚起されるのではないかと思う。

営業の方で特に何かするのではないが、居るだけでよいという人がおられた。一つのテーマを実施するときに、特に何かをしてくれるというのではないが、その一言が頼りになり、こちらに安心感を与えてくれる。これは、心を尽くした一言だからではなかったかと感じている。それに比して、いろいろやってくれるけれども、今ひとつ物足りないと感じる時がある。こんなときは心を尽くしてもらっている気がしないもので、何かしら不満が残ってしまう。心を尽くすこと、尽くされることは、見えないところに時間をかける、かけられるという本当のぜいたくなのかもしれない。

狂牛病（ＢＳＥ）問題に対する日本政府および米国の対応などは、国民に対して心を尽くしているとはとても思えない。安易な政策を打つだけで、かえって国民の信頼を失っている。国民がぜいたくを求めているとは思えないが、今や、心を尽くして行う行為はぜいたくなものとなってしまったのだろうか？

（『電設技術』平成18年4月号掲載）

約束

私は、約束がなかなか守れない。いつも約束した以上守るよう心がけている。時間の約束もなるべく守るようにしている。そのため腕時計の時間は5分進めてある。5分進んでいると引き算して見るから結果は同じだが。だから知らないところに行く時などは、時間の余裕を見て出掛けるが、それでも時間が足りないこともある。見積りの甘さによるのである。遅れていって残念に思ったことは、学生時代ソフトボールの試合で、遅れて行ったためになかなか出られなかったことがあり、その時に遅れてはダメだなと思った。会社の仕事でも引継ぎの時にいつも出勤時間の遅れている人と毎日早く来ている人との差で、同じ能力がありながらむしろ能力的にはまさっていても仕事を引き継げないこともあった。これは周りがそのように評価してしまうからで、遅れていって良いことはない。しかしながら、時間に間に合うのも大変である。

約束が守れなくなる要素の一つに約束をする場合に安請け合いしてしまうのがある。スケジュール表を見ながらドンドン入れてしまい、あとで後悔することとなる。時間の見積りが出来ずについ相手との話しを優先してしまう。一つの約束にかかる時間が見えないためである。約束の中に潜む見えない時間が分からないためである。この時間の見積りの甘さが災いする。自分の能力を的確に見積もれないのもある。つい相手の顔を見ていて断れない場合がある。でも極力約束を守るように努力しているのも確かである。

もう一つ約束につながっているものに、周りの人に対する配慮が欠けている場合がある。約束を断る場合など相手の感情、心を分かって十分に配慮ができて対応しているかというとなかなか難しい。自分が約束を守ってもらえない場合はあっさり諦めるようにしている。やはり約束を守れなかったりする人には残念な思いがする。相手に迷惑をかけないようにしなければいけないと思う。

現在の私の課題は約束の厳守である。

新しい事柄に対応することと、変化に対応することと約束の厳守は相反する考え方でもあると思う。何故ならば新しい変化に対応していると前の約束がおろそかになってしまうことがあるからだ。場合によっては前の約束の重要性を忘れてしまうことだって起こりうる。約束を変更する場合などしばしばそれに対する対応が遅れがちになる。また、現状の事柄に対してずるずると対応することによって、約束を守るための段取りができないことになり、結果的に約束が守れないこともある。これは約束を守れないための言い訳ではない。ある程度のところで見切りをつけることも約束を守るためには必要である。

約束の次元が2次元ならよいが、3次元になるとややっこしくなる。優先順位が決められないからである。先に決めたものが最優先するのであれば単純であるが、3次元であるとそれが問題になってくる。3次元目の要素としてはいろいろあると思うが、一つは重要性である。

約束が守れるように約束の数を減らして対処し、変化に対しても誠意をもって対応することで約束を守っていきたい。

（『電設工業』平成6年1月号掲載）

程ということ

「程ほど」とよく言われる。「ちょうどよい」のが「ちょうどよい」のであるとも言われている。

桜の花でもあまり早く咲きすぎたら興ざめだし、逆に遅すぎても趣がない。花見でもしようかと人々が待っているときに、タイミング良く咲くのがよいのであろう。今年の桜は早かったような気がする。梅はなかなか咲かないと思ったが、桜は早かった。そして早くに散ってしまった。その他の花を見ても、今年は一斉に花が咲いている。

子どもが朝の散歩から帰ってきて、「いろいろな花が咲いていて興味を持っていると、家に帰ろうと思わなかったよ。」と言っていたが、それほどいろいろな花が咲いていたのかもしれない。

通勤途上のバスから見たが、もう藤が咲いていた。

こんなことにしみじみ気付くのは遅いかもしれないが、若いときはいきおいやり過ぎてしまうのかもしれない。「ちょうど」と言うことは、あまり考えたことがなかった。広島にいたときに、お酒の飲みすぎで十二指腸潰瘍になり、ダウンしてしまった。病院に行ったときには即入院と言われ、どうしようかと思ったが入院した。その夜、病院の廊下で倒れて、気がついたらベットの上で輸血されていた。そして、順調にいっているときのほうが、落とし穴にはまりやすいことにも気付かされた。順調にいっているのでドンドンやってしまい、セーブが効かない。そのために余計なことまでしてしまうのかもしれない。

ライブドアの社長も、順調にいっていたから大きな穴にはまってしまったような気がする。

順調にいっているときには慎重に、そうでないときには大胆に、とはよく言われることであるが、なるほどと思わされている。

やはり「程ほど」というのがちょうどよいのであろう。

（『電設技術』平成18年5月号掲載）

カスタマー・サティスファクション

カスタマー・サティスファクション（CS：お客様のニーズを十分に満足させること）ということが大切だとよくいわれているが、さまざまのニーズのもとはカスタマー（お客様）のところにある。宝の山である。

社内でもよく社員が育ってないとか迫力がないとか言われるが、組織の体力・迫力がないというのは内部の仕事や調整に時間を費やしており、お客様のところに目がいっていないためではなかろうか。

お客様の要望も色々あってそれを明確にして実現できる人が営業のプロであり、カスタマー・サティスファクションの始めといえよう。

お客様のニーズをどのように引き出すかが大事なことのひとつである。

今、情報通信の世界では、保守管理することが大切と考えられている。さまざまな要望を満足する形で保守できればいいし、最終のカスタマー・サティスファクションは、ニーズの引出し、コンセプトの確立からシステムの構築、保守管理にいたるまでの過程で必要とされることであろう。

今までの仕事のやり方はどちらかというと、お客様の要望を考えることなく物を開発したり、でき上がった商品を販売してきた。

CSの立場からいえば、カスタマーニーズをつかまえてそれにあったシステムの構築、トータルコーディネートそして、それを保守管理するということが大切になっている。

藤山寛美の芝居の中でお客様のリクエストを聞いてその場で演ずるというのがあったが、今まさにその要求とそれに対する素早い対応が望まれている。

システム構築にあたってはSI（システムインテグレーション）が大切な役目となっており、その中にはシステムコーディネーションも含まれる。単に、定食のメニューではなく自由な選択、トータルにコーディネートすることが求められている。

お客様は情報通信に関する様々なニーズがあるため、お客様自身での各ベンダー（メーカー等）相互の調整が難しい。また、1つのベンダーに任せることによりシステムの統一性が失われることになりかねない。

このところにシステムインテグレータやコーディネータが必要とされている訳である。

さまざまに変化するカスタマーニーズを明確にし、システムインテグレートして構築するなかでどれだけお客様ニーズをつかまえ満足させるものとして構築できるか。また、保守できるかがお客様に満足いただけること（ＣＳ）になるのではないかと思う。

（『電設工業』平成５年１月号掲載）

あの人に救われた

東日本大震災については、何も書けなくて空白の時間がある。
あれは何だったんだろう。

地元に行くと元気をいただいて帰ってくるという人たちが多い。
生きているということ、生かされているということ。

海岸から遠くないところに植林して緑の防波堤を築いているという話を伺っている。
津波に対して緑の防波堤の柔よく剛を制すである。

有形、そして無形の意味を持っているものがある。
目に見えないところに真がある。

あの事故は見えないものを見えるようにしたのかもしれない。

自然の持つ力
津波の破壊力

原子力発電所の恐ろしさ。
遠くまで影響するセシウムによる水の汚染
形だけの繁栄。

何故か思い出す。
人々を守ってくれた福島原子力発電所元所長の吉田昌郎《まさお》氏の顔とか、生き様とか。
あの事故は無形のものを私たちの前に引きずり出したように思われる。
真とか、心とか、魂とか

吉田昌郎さんの男気に日本は救われたのではないかと思う。

現場で最後まで残ってメルトダウンを食い止めて下さったのではないかと思う。

もちろんそこには大勢の現場の人達の協力があったことは言うまでもない。

テレビニュースや新聞などを垣間見るに、この人がいなかったら今の日本はどうなっていたかわからなかったと思う。そういう力強さをもって現場を指揮してくださったように見受けるのは私だけだろうか?

この未曾有の地震、そして津波という災害に対して予期できない事故である原子力発電所の災害。なんとか穏便にすまされたのはこの人がいて下さったからではないかと感じている。外野からの言葉の中にいて現地での対応を重視しながら、常に日本全体の影響を頭に入れて行動してくださったに違いないと思う。一歩も退かない対応。危ないながらも、吉田さんがいて下さって日本は原子力発電所災害からの大規模な被災を免れたに違いないと思う。

名前を検索していて吉田さんの取材をされた門田隆将《かどたりゅうしょう》さんの言葉に出会った。

門田氏の『日本を救った男――吉田昌郎元所長の原発との壮絶な闘いと死』によれば、「吉田さんは『チェルノブイリの10倍』規模の原発事故（福島第一原発に6基、10キロ南にある福島第二原発に4基の原子炉、合計10基の原子炉が制御できず暴走すれば、日本は汚染により住めなくなった東日本と北海道と西日本に3分割されていた）を阻止してくれた。官邸や東電上層部の命令に反して断固として海水注入を続行し、決死の作業を行った。部下たちから『吉田さんとなら一緒に死ねる、と思っていた』、そして『所長が吉田さんじゃなかったら、事故の拡大は防げなかったと思う』と言わせしめた。

海水注入の中止命令を敢然と拒否した吉田さんは、今度は東電本店から中止命令が来ることを予想し、あらかじめ担当者に海水中止命令が来て、テレビ会議で俺が中止を命令するがその命令は聞かないで、そのまま注入を続けろと耳打ちしており、原子炉の唯一の冷却手段であった海水注入が続行された。

多くの原子力専門家がいる東電の中で吉田さんだけは原子力に携わる技術者として本来の使命（電気事業者として、原子力事業者として国民の命を守ることが本来の目的と考えて行動する事）を見失わなかった。

吉田さんのもと、心をひとつにした部下たちは放射能汚染された原子炉建屋に何度も突入を繰り返し、ついに最悪の事態は回避された。吉田さんが「あの時」「あそこにいた」から

こそ、日本が救われたのである」（要約）

この言葉からますます確信した。私達は吉田さんに救われたのだと。

（ご逝去されました吉田昌郎さんありがとうございました）

参考：［吉田昌郎　元福島第一原発所長］　社命に背いて日本を救った男の生き様　（対談）門田隆将、田原総一郎

木鶏

「いまだ木鶏たりえず」荘子のことばから

＊＊＊

紀渻子《きせいし》、王のために闘鶏《とうけい》を養う。
十日にして、問う。「鶏すでにするか？」。
曰く、「いまだし。まさに虚憍《きょうきょう》にして気を恃《たの》む」。
十日にしてまた問う。
曰く、「いまだし、なお嚮景《きょうえい》に応ず」。
十日にしてまた問う。
曰く、「いまだし。なお疾視《しっし》して気を盛んにす」。
十日にしてまた問う。

曰く、「幾《ちか》し。鶏、なくものありといえども、すでに変ずることなし。これを望むに木鶏に似たり。その徳全し。異鶏あえて応ずるものなく、返《かえ》り去らん」。

＊　＊　＊

紀渚子が王様のために闘鶏を訓練している。

しばらくして（十日ほどして）王様が尋ねられた。「もう戦えるか？」と紀渚子が答えるに「まだです。虚勢を張って向かっていこうとしていますから。」

また、しばらくして王が尋ねると紀渚子は「いや、まだです。他の闘鶏の声や姿に応じようとしていますから」。

さらにしてから王が尋ねた。「いやまだです。まだ、相手を睨《にら》み付け戦う気を盛んに見せていますから」

また、しばらくして王が尋ねると「そろそろです。他の闘鶏が鳴いても、もはや動くこともありません。まるで木彫りの鶏で徳に満ちて、他の鶏で仕掛けようとするものもなく、去っていきますでしょう」

あの横綱双葉山の木鶏のエピソードが思い出される。69連勝していて70勝目に敗れた時、安岡正篤《やすおかまさひろ》先生に「われ、いまだ木鶏たりえず。」の電報を打たれたと聞いている。木彫りの鶏とはなかなか味のある言葉である。

第四章　今日も黄金色の朝日

ワンガリ・マータイさん

ワンガリ・マータイさんは、ケニア共和国生まれの女性である。２００４年にノーベル平和賞を受賞された。30年にわたり、主に女性たちを中心とした環境保護活動の「グリーンベルト運動」として、ケニア全国に３０００万本もの樹を植えてこられた。農村の女性たちが苗木をもらってそれを植え、少し育ってきたらそれを買い取ってもらい、現金収入にするという形で進められてきた運動である。

それまでアフリカの女性は薪を拾いに遠くまで行かなければならなかったが、植樹により森林を確保するとともに、薪を取りに行く距離を短くして女性の仕事が少なくなるようにした。そして、それは具体的に収益につながる方法で行われた。

その活動の中では、政府からの激しい弾圧にあい、牢獄にも入れられた。しかし、それにもかかわらず続けてこられた。そして、現在は環境副大臣になられているということだが、副大臣になったからといって政策が決められるわけではない。大臣でなければ政策の決定が出来ないことに歯がゆい思いをしている様が、翻訳された本の中で語られている（『もったいないで世界は緑になる』ワンガリ・マータイ著　福岡伸一訳　木楽舎）。

「……1960年代や70年代の環境保護活動を始めた仲間の多くは、いずれ政府の人間になりましたし、かなりの数が大臣になっています。（省略）フラストレーションに陥ると、私は時々、ブラジルのジョゼ・ルッツェンバーガーを思い出すんです。みんな、彼が環境大臣になったといって大騒ぎしたものですが、彼はその後行き詰ってしまって止めてしまいました。私たちのような人間は、政治よりも理想主義に突き動かされていることが多いものです。だから忍耐というものを学ばなければならないし、政府を動かしているものは理想主義者ではないのだと気づかなければならない。理想に燃えてやってくる仲間たちには忍耐強くあれ、と忠告しておきましょう。私たちには大局は変えられそうにないことを知っておかなければならないのです。（後略）」

最近では日本の〝もったいない〟と言う言葉に出会い、この言葉を環境を守る国際語として広めようとしていることでも知られている。日本への訪問により出会われた「もったいない」については「……また、今回は〝もったいない〟という言葉にも出会いました。ゴミを減らす、限られた資源を繰り返し使う、リサイクルするということがまさに〝もったいない〟の真髄だと思うんですが、これを日本発の国際的なキャンペーンにしていくことができるんじゃないかと思います。資源を効率的に責任ある方法で管理し、将来の世代に受け継いでいく。〝もったいない〟を一人ひとりが実践すれば大きな力になるはずです。私はこれから世界へ向け、この言葉を発信していくつもりです。」と述べられている。

この本の訳者の福岡伸一さんは本の中で「マータイさんは環境問題への取組みのねじれに対する一種のアンチドート（解毒剤）であるかのように、ごくさりげなくその名を知れるようになった。それはあまりにも気の遠い、いわば賽《さい》の河原の石積みにも似た営為《えいい》にもかかわらず、私たちにある種の正気を取り戻させてくれる。樹を植えよう、そうマータイさんは言うのだ……」と述べられており、お話を聞く機会があり、その時は「マータイさんは地球全体のことを考えに入れて、ごく身近なところから実施されている。まさに"Think Globally Act Locally"である」と言われていた。

私はこのマータイさんの話を聞いて、この地球環境の問題に取り組んでいて、時々はそのあまりの巨大さに自分の活動の影響力のなさや、なす術のないやるせなさを感じさせられることがあったが、この小さな行為が世界につながっているんだ、すべての行為が世界につながっているんだ、影響を与えるんだと改めて感じ、意を強くさせられた。

（残念ながらワンガリ・マータイさんはすでに亡くなられています）

ジェームズ・ハンセンさん

ジェームズ・ハンセンさんは、気候変動における地球温暖化問題の第一人者である。現在NASAのゴダード宇宙科学研究所のディレクターでコロンビア大学地球環境科学科客員教授、世界中の気象観測所のデータをもとに地球の温暖化が起きていると米国議会で講演された人だ。1988年米国議会において証言し、地球温暖化の危険を世に知らしめ、温暖化は起きていないように発言するよう圧力がかかったそうだが、それに屈しなかった人であると聞いている。2010年に環境のノーベル賞といわれている旭硝子財団のブループラネット賞を受賞された。

一般の市民と博士のような技術者の間には地球温暖化問題において相当の隔たりがあることを認識して、自分の孫からおじいちゃんが言わなかったから自分たちの世代に地球に住めなくなったと言われたくないために、技術者として世の中に知らせることに力を入れるようになったと話された。今は環境問題を世代間における訴訟問題として司法に訴えておられており、我々世代のわがままで、次世代の人々が地球に住めなくなった場合の責任を司法の立場から追究し、温暖化を阻止しようとされている。今の政治家たちは自分の利益活動のことばかり考えていて、政治的な立場からは環境問題に対して期待が持てない。このように政治の世界では環境に取り組めない事情から司法にかけてこれを是正しようとされている訳である。そしてCO2濃度の限度である閾値《いきち》としてのティッピング・ポイントが350ppmであり、350ppm以下にCO2濃度を抑えることが必要であると示されている。すでに2009年における世界の平均CO2濃度は386ppmとなっている（2013年世界平均CO2濃度は396ppm）。

「現在、我々は地球をティッピング・ポイントぎりぎりまで追い込んでいる。北極、グリーンランド、南極、そして世界中の山岳氷河で氷が融解している。そして多くの生物種が環境破壊と気候変動ストレスを受けている。もし、化石燃料の燃焼による二酸化炭素の排出がこのまま続いたら、海面上昇と種の絶滅の増加等はますます人間のコントロールが効かないところまで来るだろう。気温上昇や大気中の水蒸気の増加は旱魃《かんばつ》と洪水といった両極端の気象現象を増幅させている。孫たちが被《こうむ》る嵐は今と比べはるかに破壊的になるであろう」

とおっしゃっている。

ジェームズさんによれば、350ppmが一つのCO2の閾値で、それ以下に保っていけば自然循環の中で生活していけるが、それ以上になるとどうなるかは分からない。日本に来られた時、地球環境の一番の問題は何ですかと聞いたら「人口（が多くなったこと）が問題である」と答えられたのが印象的であった。

WWF（世界自然保護基金）によれば、今、世界全体で地球約1・5個分の生活をしている。エコロジカルフットプリント（私たちが環境に与える影響、人類が環境に残した足跡：人間活動が地球環境を踏みつけにした足跡の比喩）が1970年代には地球1個分のバイオキャパシティ（生物生産力：生態系から生産される供給量）を超え、2007年ではすでに1・5倍になっている。中でも日本はこのバイオキャパシティは世界の約1・7倍となっており、世界で日本と同じ暮らしを始めたら地球は2・6個分（2008年で2・3個分）必要になるという。私たちはこのような事情を認識し、対処すべきであると思う。（今回、ジェームズ・ハンセン氏からこの本のために巻頭の2℃の地球温暖化は危険であるとのメッセージをいただきました）

（『電設技術』平成24年9月号掲載）

ブループラネット賞の授賞式に参加して

先日、ブループラネット賞の授賞式と講演会に招かれた。ブループラネット賞は環境部門のノーベル賞といわれている。日本の旭硝子財団が出されている賞で1992年に始まり今年で12回目である。毎年世界で優秀な環境部門の個人または組織の2件に与えられ、副賞として各々5千万円が贈呈されている。

今回の受賞は米国のジーン・E・ライケンズ博士とF・ハーバート・ボーマン博士の「小流域全体の水や科学成分を長期間測定して、生態系を総合的に解析する世界のモデルとなる新手法を確立した功績」、ベトナムのヴォー・クイー博士の「戦争により破壊された森林を調査して、その修復および保全に尽力し、環境保護法の制定や生物種の保護にも貢献した功績」の2件であった。米国のライケンズ博士らは森林のモデルをハーバード溪流域に設定してそこで実際の自然の数値を測定して森林の伐採をしたときの影響や酸性雨などの色々な生態系の調査を40年間にわたって実施された。その中で言われているのが自然の美しさと自然界の働きに対する感謝の気持ちに基づく、「自然への畏敬《いけい》の念」であった。

一見して静寂《せいじゃく》な森林で行われているのは底知れぬ活動で、百万もの多数の現象が同時に発生している。そして、自然に対する畏敬の念には次のようなことが含まれる。
・自然の複雑さに対する畏敬の念
・自然の回復力と脆弱性《ぜいじゃくせい》に対する畏敬の念
・自然の構造と機能の変化に対する畏敬の念
・自然が、きれいな空気、きれいな水、清潔で滋養ある食糧、その他多くの恵みを与えるために絶えず私たちのためにしていることに対する畏敬の念
・自然の偉大なる再生力を保全することへの畏敬の念
そして私たちはこの広大な未知の自然を尊重し、大切にし、変化を加えるにあたっては細心の注意を払わなければいけないと言われた。両氏は研究者であるだけに想像以上の自然の複雑さと素晴らしさによりいっそうの畏敬の念をおこされたものであると思われる。

クイー博士はベトナムが戦争で受けた壊滅的な環境への被害を修復し、人々の生活水準を向上させ、経済を発展させ、同時に資源を保護し環境を保全するために活動された。

戦争中、枯葉剤と爆撃によって、２００万ヘクタールを超える森林を失った。２００万

リットルの枯葉剤といわれているが、実は８０００万リットルの枯葉剤が使われダイオキシン１７０ｋｇが散布された。先天性異常、ガンなど第一、第二、第三世代の子供たちにまで影響があり、子供たち20万人が影響を及ぼされ、約１００万人のベトナム人が影響をうけた。爆弾は広島級原爆の３２８個分の被害を受けたとのことだった。枯葉剤では葉が落ちるだけで木を殺さないと科学者は言っていたが現地調査ではまったく死んで何も残っていなかった。生命といわれるものは何もなかったとのことだった。

そういう中で毎年20万ヘクタールの森林を植林し、人々に森林を保全するのが大切なことであると知らせ、人々の意識を高めてこられた。ホー・チ・ミン大統領のスローガンである「森は金である。その保全と活用の方法を理解すれば、非常に価値のあるものになる。」を持って、毎年植林を小学生から高校生、そして大人までみんなで行い、今は国土の森林被服率は33・5％となっている。また、「ベトナム環境保護法」のドラフトを作成された。氏はこの受賞を非常に喜ばれ、誠のこもった感謝の挨拶は日本人が忘れてしまった人々への感謝、祖国を愛する気持ちなどが表れ、心を打つものがあった。

（『電設技術』平成15年12月号掲載）

エコプロダクツ２００８年に思う

２００８年12月のエコプロダクツ（環境展）に行ってきた。今年はかなり大規模に行われていて、セミナーも多く、展示もいろいろなセクションから出されていた。

うれしく思ったのは最初のとっつきの処に各ＮＧＯ／ＮＰＯ、大学の環境関係が展示を出していて、順番に話を聞いてみたら、なかなか充実していた。

「(財) Ｃ・Ｗ・ニコル・アファンの森財団」では、１９８６年からＣ・Ｗ・ニコルさんが長野県の里山を買い、純粋に森の保全を行っておられ、森に棲むすべての生き物の命の輪を取り戻すことに努めているとのことであった。

最近、チャールズ皇太子が日本にみえた時、長野に行かれ、アファンの森に立ち寄られたそうで、話している間にエピソードとして新聞の切り抜きを見せていただいた。もともとニコルさんがイギリス人であるということもあったと思うが、皇太子は英国の環境問題のリーダーでもある。

コラムを書いているときにパンフレットを読み返したら、ニコルさんの思いが載っていた。ここに紹介する。

「１９８０年代、私は日本の行く末に心底、絶望しかけていました。樹齢を重ねた森の木々が切り倒され、川はコンクリートのせいで変わり果てた姿となり、湿地はゴミで埋め立てられ……それを尻目に人々は、金儲けに眼の色を変えていたからです。

私が何年ぶりかで生まれ故郷の英国ウェールズを訪ねたのは、そうした日本の状況に対して絶望のどん底にある時期でした。ウェールズはかつて、有数の炭鉱の町として産業を支えてきました。森を刈り払いボタ山状態であった山を、30年以上の歳月をかけ森を再生していたのです。私は、森の再生にかける人々の努力と情熱を目の当たりにしました。そのとき、もう文句ばかり言うのをやめよう、私も彼らにならって心から愛する日本のために力を尽くそうと、心に決め、荒廃した長野県の森を買い取り、再生活動をはじめました。「アファンの森」の名も私を奮い立たせてくれたウェールズの「アファンの森林公園」にちなんで名づけたものです。

この森を永遠の森とするために、そして、この森で起きる事が日本中の森がよみがえるための一歩となることを願って、２００２年5月この土地を寄付し、アファンの森を〝財団法人C・W・ニコル・アファンの森財団〟の森にしたのです。」

ニコルさんは環境問題がなかなか進まないのに絶望されていたとのことで、その思いはよくわかる気がする。だがこの展示会を見て、環境問題も少しずつ進展しているのだと改めて感じさせられた。環境を周りに説明しても企業内ではなかなか進まないし、環境に予算をまわすようになっていない時代から、企業においてもNPOとパートナーシップを結び協力して実施する時代になってきた。そして、環境サポートの方向性を探っている。

しかし、参加したセミナーの中に紙のリサイクルに関するセミナーがあったが、古紙再生問題に対する製紙会社の言い訳に終始した感があった。せっかくの機会なので環境問題の解決を推進させるような適切なセミナーが開催されることを願う。

（『電設技術』平成21年2月号掲載）

ルールを守る

カードで簡単にお金を借りて支払いに困ることがよくあるが、最近、お金を借りることはルールを守ることができなかったためであると気付いた。〝収入の範囲内で支出する〟というルールを守れなかったのだ、とようやく気付いたのである。「そんなことも分からなかったの?」と言われて、これでは遅いのだが……。

地球環境においても、地球資源の再生が可能な範囲内での消費が必要となっている。無尽蔵であると思われた自然資源が有限であるとわかった時から、再生可能な資源を利用するというルールを守ることが必要になったのである。この簡単なルールがわからなくてお金を借りて困っている現状を考えると、地球にとってもルールを守ることが難しいものとなるのだろう。しかしこのルールを守ることで、後々の生き方が簡単になるのは間違いない。

しかし、地球も今は、かなりの負債を背負っている状態になっている。そのため、難しいところから始めなければならない。フロンガスによるオゾン層破壊も、その対策が打たれてからだいぶたっているが、まだまだその成果はすぐには表れない。地球温暖化問題も最近注目を集めているが、日本における二酸化炭素６％削減も、現状のままでは実施が難しい状況であり、厳しい対応を迫られることになるだろう。

「宇宙船地球号」としての地球の生活を考える時、乗組員である私達が船内におけるルールを守ることは、地球号が飛び続けるための条件となるのだろう。

しかし、この地球という宇宙船は、たとえ人間が死に絶えても飛び続けて再生するのだろうが……。

（『電設技術』平成19年3月号掲載）

アル・ゴア氏のノーベル平和賞受賞に思う

今回のノーベル平和賞の受賞はアル・ゴア氏とＩＰＣＣ（気候変動に関する政府間パネル）であった。ゴア氏は自ら出演して地球温暖化の問題を訴えた「不都合な真実」の映画が07年アカデミー賞の長編ドキュメンタリー映画賞を受賞した。ＩＰＣＣは地球温暖化についての科学的な研究の収集・整理のために世界気象機関（ＷＭＯ）と国連環境計画（ＵＮＤＰ）が88年に設立した機関で、世界の１３０カ国地域の科学者が地球温暖化問題を研究している。ほぼ5年ごとに報告書をまとめているが、昨年の11月に地球温暖化に対する第４次報告書を取りまとめた。（現在、第5次評価報告書が出ている）受賞理由は、両者が人為的に起こる地球温暖化の認知を高めたという事である。

ゴア氏のＤＶＤを見る機会があり、見ていて「不都合な真実」という題である事に気付く。誰にとって不都合な真実だったのかということは政治家たちにとって不都合な真実であったのだと思わされる。地球環境が汚染されているという真実を知りたくない政治家にとっては「知る事が不都合な真実だった」のである。そして、ゴア氏は副大統領までされた方であるが、その人をもってしても環境問題はなかなか浸透させることができない問題であったのに気付かされた。ＤＶＤの中には、議会での反対や政治家による直接的な中傷、場合によっては政治家自身によるデータの改ざんなども出てくる。その中で環境問題への取り組みに対する意欲を失わないでやって来られたということは素晴らしいと思う。

04年の環境分野でノーベル平和賞を受賞され、「もったいない」の日本語を国際語にしてくれたワンガリ・マータイ氏の言葉の中に「今はケニアの環境副大臣だが、私が環境副大臣になったからといって、私に期待しないでくれ」ということを言われているのに驚いた。環境副大臣では環境に関することについて何もできないとおっしゃっているのだった。環境への取り組みでノーベル平和賞を受賞された人でもそうなのだと思わされた。環境への取り組みがなかなか進まないのはそのせいでもあると思う。

同時に受賞したＩＰＣＣの第４次報告書によれば、現在すでに温室効果ガスである二酸化炭素の濃度が上昇しており、産業革命以前は２８０ｐｐｍであったものが、２００５年には３７９ｐｐｍ（２０１３年現在３９６ｐｐｍ）にまでなっており、約１００ｐｐｍも上昇している。世界平均気温の上昇も最近の50年では過去１００年の２倍となっている。氷河の減少、グリーンランドの氷床の融解、極端な気象現象による高温、熱波、洪水、干ばつなどが起きており死亡、疫病の増加がある。台風などの熱帯低気圧の増加等が述べられている。

今後の予想としては、2100年にこのままエネルギーを使う社会では世界平均気温は4℃上昇、海水面は26〜59cm上昇する。(環境と経済を考慮した社会では気温は1・8℃の上昇で海水面の上昇も18〜38cm)。さらに動植物の種の絶滅リスクが20〜30%増加し、生息域も高地化する。海水温度の1〜3℃上昇によりサンゴの白化や広範囲な死滅。2050年までに10億人以上の人に対する水不足などの水環境への影響、作物の生産性への影響日本では米の収量が27・5〜63%低下する。また、アジアではコレラ菌の増加による死亡率の増加などが報告されている。

私は環境問題の解決には環境革命が必要であると思っている。環境革命とは環境の意識革命である。一人一人が環境への意識を変えることであり、それによって意識革命を起こし、意識が変われば、行動の変化へと繋がっていく。

そして、個人の意識革命だけでなく、企業の取り組みも大切なものとなる。企業の経営者は特に環境への意識を変えて取り組んで欲しいと思う。なぜならば、ゴア氏の例に見るように、トップの取り組みで環境問題は変わってくるからだ。いや、トップの取り組みでなければ環境問題は変わらないのだ。自社の企業利益の追及だけでなく、利益の中から環境へまわすだけの勇気を持って欲しい、そして社会的、道義的責任を感じて欲しい。

また、環境問題には豊かさの問題もあると思う。温度が高く快適で豊かだと感じるか、少し寒いが地球のために取り組むことにより、豊かさを感じられるか。困っている人（地球）に座席を譲って「おおきに（ありがとう）」と言ってもらえるような心の豊かさが必要であると感じている。

ゴア氏は、政治家は市民が言わなければ「不都合な真実」（化石燃料により地球環境が汚染されているという真実）は動かないと言っている。一人一人が環境への意識を変えていく事が「不都合な真実」を動かしていくものであると思う。

（『電設技術』平成20年2月号掲載）

ジェフリー・サックス氏

ジェフリー・サックス氏はコロンビア大学地球研究所所長であり、国連のミレニアムプロジェクトディレクターとして元アナン事務総長、そしてバン・キムン事務総長の基で世界の貧困や温暖化など地球規模の問題を解決されている経済学者である。

2015年11月に旭硝子財団のブループラネット賞を頂かれた。ちょうど2015年に取り組まれてきた国連の「ミレニアム開発目標（MDGs）」が最終年で、その成果の年にタイミング良く賞を頂かれた。そして、親しい間柄である米国駐日大使のキャロライン・ケネディ氏から祝福の言葉を頂かれとりわけ喜ばれているように見受けられた。

氏は先ごろジョン・F・ケネディ元米大統領をテーマにした『世界を動かす　ケネディが求めた平和への道』（早川書房）を出版され、その中でケネディ大統領の平和への取り組みが現在の環境問題の解決に役立つことを強調されている。

「1993年6月にケネディ氏が行ったアメリカン大学の卒業式における演説『平和のための戦略』で、米ソ間の対立する核戦争とイデオロギーの中でケネディ氏の述べられている言葉の誰もがこの小さな惑星に暮し、我々は子供達の将来を気にかけて、誰もが共に死すべき運命であるということにソ連の人々も米国の人々も魅了させられた。

それは『冷戦によって分断されたどちらの陣営の人々も同じ人間的感情と良識、勇敢さを持っているという考え』である」とサックス氏は言う。サックス氏はケネディ氏の目標を明確にしてそれに向かって実現する手法が環境には必要であると考えられている。高い理想を掲げながらも、地に足のついた方法で具体的な成果をもたらす、夢と実行を組み合わせた手法である。この手法を世界の貧困や気候変動問題に置き換えると、(各国の個別の利害を超えた）地球規模の目標を明確にし、協調して実行すれば極端な貧困は回避できるし、気候変動をとどめられる。世界の協調体制をいかに気付くかが大切であるとされている。

また、ケネディ氏の偉大さについて本の中でこのように述べられている。

「平和演説が書かれた経緯と環境を振り返るうちに、演説とケネディに対する敬意は深まる一方だった。この平和の希求が、ケネディ政権における最大の業績の一つ、いや現在の世界的指導者によるもっとも偉大な行為の一つを表象していると、私は確信するに至った」

「ケネディに関して言えば、彼の言葉はアメリカ人とロシア人の心を揺り動かし、平和のために核実験に関する条約（核実験停止条約）を採択するというリスクを冒すよう駆り立てた。この条約はなかなか締結されず、両国の強硬派から激しい反対を受けていた。ケネディの言葉は、互いの利益のために何ができるかという共通の認識を形成し、恐怖と憎しみの桎梏《しっこく》から双方を解き放つに役立った」

サックス氏は今まで国連の持続可能な開発問題において世界の130ヵ国を回り貧困の解決に取り組まれてきた。

2015年11月から開かれたCOP21（パリ会議）では世界の気温を2℃未満に抑え、さらに1・5℃以内に抑える努力をすることがパリ協定として採択されて世界が地球温暖化に共に闘うことが決まったがここでも大事な役目をされたものと思われる。

これからも「パリ協定」の遵守や「持続可能な開発目標（SDGs）」（SDGsは世界の169ヵ国が今問題になっている気候変動や貧困の問題、ジェンダーの問題など様々な解決すべき項目をまとめたもの）の達成のために積極なリーダーシップを発揮されるものと思われる。

（参考「国家の対立を超えて」２０１４年５月17日　朝日新聞、ジェフリー・サックス氏インタビュー）

システムインテグレーション

1984年にインテリジェントビルが話題になったときのキーワードが「システムインテグレーション」であった。つまり、通信、OA（情報処理）、BA（ビルディングオートメーション）システムの統合、相互アクセスが可能であることが知的な情報化ビルの1つの要素であった。

それ以来システムインテグレーションという考え方は、大切な言葉として頭の中に残っている。

今の時代に単独なシステム、または1つ個体としての仕事で満足のいくことはだんだん少なくなっているのではないかと思われる。

よく旅行する場合、ドライヤを持参すべきかどうかで迷うことがある。風呂好きの私としては、必ずお風呂に入りたいし、ドライヤを持参していないと翌朝の髪はグシャグシャとなりみられない。ホテルの中で高級なところ、外国などでは備え付けのところが多いが、会社の保養所、ビジネスホテルではあまりお目にかかれない（今では置いてある）。その都度お願いするのも大変だということになり、荷物がかさばるがドライヤを持参することになる。

友人と一緒の旅ならばメンバーのなかには、必ず持参する人がいるもので、持参しなくて荷物を軽くすることもある。

このようにトータルとしてサービスされていればお客様にとっては助かるが、そのようなサービスはホテルにみられるように、コスト高になるのかも知れない。

また、システムインテグレーションの良さは各々単独のシステムを組み合わせることにより、より高い付加価値が得られることによるメリットもある。

インテリジェントビルといったとき、電話機を使って空調のＯＮ・ＯＦＦや、ビルディングマネージャーが自分のワークステーションを使ってテナントの電気・ガス・水道の使用料などの計算ができるというＯＡとＢＡシステムのインテグレーションの例として話題になったのも、従来にないサービスを付加できるメリットがあることをいっている訳であった。（これらはいずれもすでに実現されているサービスである）

私は以前から駐車場と洗車のサービスをミックスしてくれないかと思っていた。百貨店などで買物している間に、洗車が終わっていると時間の節約になると考えていたが、最近、ミックスされているものを見つけて安心した。

これもシステムのインテグレーションの１つのサービスであり、時間の節約という付加価値がついているのだと思う。

情報用の配線システムについてもお客様の要望は、使用する通信・情報機器のサポートはもとより、配線収納方法の問題、例えば既設ビルの場合はＯＡ用二重床の仕上げ、電源なども含めてトータルなサービスが望まれている。

また、それをサポートするのがシステムインテグレーションの付加価値であろう。

そして、その上に乗っかる通信・情報システムの運用も単に一つの単独サービスとして利用するよりも、ＰＢＸ・ＬＡＮ・専用線・ＩＳＤＮサービスなどを統合したシステムとして構築し、それらが機関車の連結のようにつながっていてはじめてシステムインテグレーションとしての付加価値もついてくるものと思われる。

この上で利用するサービスもこのようなトータルでのサービスが求められている。

（『電設工業』平成２年７月号掲載）

コミュニケーションとは

コミュニケーションが苦手でこちらの意図が十分に相手に伝わらない。女房にそういわれるが、自分勝手に判断し、そして、言葉足らずであるらしい。自分では分かると思っても、伝わっていない。最近、コミュニケーションの本を読み、「コミュニケーションとは、相手に安心させることである」とのこと。なるほどと思った。

確かに、コミュニケーションによって安心をする。今は、以前に比べて、私も電話を利用するようになった。電話なんてとんでもないと思っていた時もあったが、今では気軽に電話をする。それでも相手に伝わらない。どうも一方的で、相手の事を考えていないからだということになる。

必要があって伝えなくては、と思っても、つい忘れている。何か事のある前日、または前々日になるということもあり、遅れた事によってコミュニケーションが悪化する場合もしばしばある。

また、最近は相手とのスタンスの違いを感じている。同じ言葉、同じ内容でも相手と自分のスタンスによって取り方も違ってくる。

そんな事もわからない、のんきな時代に生まれていたのかと思う。若い時は不言実行とか、有言不実行とかいって、口をきかないのを美徳として育ったような気もする。

最近は、一つの事を伝えるのも難しいと思う。私は、自分の考えを相手に理解してもらうことが苦手で、ちょっと話してわかってもらえなければ、よほどのことでないかぎり説得しようという意欲を失ってしまう。

しかし、マネージメントの中でもコミュニケーションが非常に大切だと気付いている。情報が伝わらなかったばかりに、突然の仕事にアタフタする。また、お客様との打合せで、部内の連絡不足によって仕事がスムーズに行かない場合もある。マネージメントにコミュニケーションが非常に大切になっている。

仕事がスムーズに行くのも、コミュニケーションがなされている場合が多い。コミュニケーションが相手を助ける事になる。場合によっては、自分の立場が良くない仕事もスムーズに行く。

しかし、私は、以心伝心こそ最高のコミュニケーションだと思う。何も言わなくても伝わるということは、かなり高度なコミュニケーションになると思うが、原始的と言ってしまえば、原始的なのかもしれない。

（『電設工業』平成8年3月号掲載）

今日も黄金色の朝日

今日という日はどういう日なのか?

昨日までと今日の私自身はどう違うのか?
今日の私は昨日までの私自身の上に立って生きている。
その土台の上に立って、より素晴らしい生を生きている。
すべての経験が、すべての人格が、すべての昨日までのエネルギーが、
今日のための礎となっている。

今日という日はなんという素晴らしい日なんだろう。
朝焼けと共に今日が始まる。
この素晴らしい一日が始まるのだ。

次の瞬間に、それを忘れて生きている自分がある。
人間とは、何とはかない存在なのであろうか？
昨日「よし」と思っていた。今日は打ちのめされ、肩をしなだれて歩く。
しかし、今日は昨日までの経験に裏打ちされ、導き出された結果である。
胸を張って歩こう。素晴らしい今日を。
たとえ、死に向かっているとしても、それは昨日の上に重ねられた今日であるから。
今日は今までの最高の一日に違いない。
昨日までの体験が今日をつくっているんだから……。
勇気を持って今日を生きよう。

今日も黄金色の朝日が射してきた。

（『電設技術』平成18年2月号掲載）

本物の力

本物の持つ力が大切だと感じている。なかでも農薬、化学肥料などで汚染された植物と、それらを利用していない自然の力による植物とでは、その力が違っている。

九州の台風のとき、無農薬、無化学肥料の稲は台風でも風になびいて、きれいに波打っているのをビデオで見せてもらった。台風の後も稲は無事であった。しかし、農薬と化学肥料を利用した稲は、大きな被害を受けて倒れてしまったということである。両者は何が違っているかと言えば根の部分で、無農薬、無化学肥料のものは根が強く、大きく、上の葉の部分は短くなっているそうだ。しっかり根を張って風になびいている。

これと同じで、子ども達も、参考書や問題集で育った子どもは、自分で考える力が不足しているのではないか？　次から次へと解答を用意された環境が、もやしのような子どもを育てている可能性があるという。根を張って力強く生きていけないのではないかと？

今年、ブループラネット賞を受賞された宮脇昭博士も、「本物の力」を強調されていた。

その土地本来の木（その土地がもともとの育生環境である植物のことを、潜在自然植生といっている）、すなわち潜在自然植生の木は、もともとその木が生える土地に植えられた場合には、厳しい条件の中でも残っていく。他から持って来た木では残っていかない。それが本物の力であると。その土地本来の、本物の木や森が人間の命を守っていく。

環境問題の最後に残り、我々の命を守るのも、本物の持つ力ではないだろうか。

（『電設技術』平成19年1月号掲載）

豊かさのバランスシート

以前、南アフリカに行った時ショックを受けた。アフリカの子供達の豊かな表情に。そしてそれに比べて、日本の子供達の笑顔のない表情を思い浮かべさせられた。それ以来、豊かさとは何かについて考えさせられている。

そして、〝物質の満足度＝精神の満足度〟ではない、と感じている。

物質が豊かであると精神は貧困になりがちであり、精神が豊かであれば、物は少なくとも満足度は上がると考えられる。

精神が豊かであれば、物はなくとも豊かだと感じられるが、物質が豊かなだけでは真の満足度は得られない、どうも精神が豊かでなければ真の満足度は感じないものらしい……。

その間には微妙なバランスシートがあるのだろう。

また、物が豊かであると、心はそんなに豊かでなくとも豊かさと満足を感じるものかもしれない。

このように考えると、精神的に豊かであれば物質によらず豊かな心境でいられるが（極貧ともなればそれも難しいのではないかと思われるが……）、物質的に豊かであっても、心が豊かでなければ豊かさは感じられないのではないかと思う。

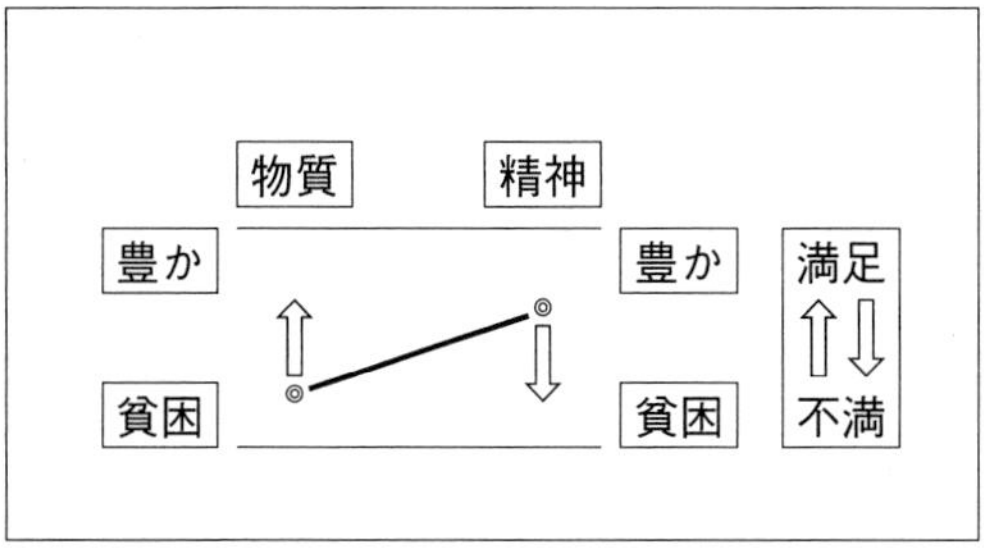

子供の頃の豊かさは、物質的には貧しくとも心の豊かさがあったからであり、今の貧困は物質的には豊かになったが、心が貧困だからであろう。アフリカの子供達の豊かな表情は、心の豊さを表しているのであろう。

今、地球環境問題においては、物質的な豊かさから抜け出して精神的な豊かさに向かうことが必要とされている、と感じている。

（『電設技術』平成18年1月号掲載）

良寛さまのやさしさ

良寛さまのふるさとに行った。新潟から少し離れていて便利が悪い。列車とバスを乗り継いで3時間くらいかかった。出雲崎というところだ。

新潟市内の美術館で初めて良寛さまの作品に出会い、そのやさしさに驚いた。良寛さまはすべてのもの（人間も動物も、植物も）がつながっていると、わかっていたのでないかと感じさせられた。

そして、子供たちと遊んでいたということに、それがあらわれていたのではないだろうか。

記念館のすぐ前の「夕日の見える丘公園」に子供らと遊ぶ良寛さまの像が置かれていて、一望の下に佐渡島が見渡せる。当日は良く晴れて暖かかったが、あいにく佐渡島までは見えなかった。

ここには俳人の山頭火も来たのだろう。以下の2句がそばの句碑に残っていた。

「あらなみをまえになじんでいた佛」

「おもいつめたる心の文字は空に書く」

良寛さまは海を見ながら何を考えていたのだろうか？

良寛さまは子供たちと遊んでいたことばかりが知られているが、もともと庄屋の長男でそれを譲って仏門に入ったので、故郷に帰って来て暮らして、住みにくいこともあったのではないかと思う。

丘から海辺に降りて生家の跡や神社跡に行ったが、カレイの焼き物を窓辺で売っている家などがあり、何かやさしさを感じさせる土地柄であった。この土地柄が良寛さまのやさしさをはぐくんでくれたのだと思った。


（『電設技術』平成18年12月号掲載）

偶然と必然

今までは単なる偶然と考えていたことが、最近は必然と感じることが多くなってきた。先日、新幹線で東京から大阪に行ったときのことである。座席指定をして乗車したのであるが、車両の最前列の２人掛けの席であり、せっかく指定にしたのに座席の位置が悪いなと感じていた。

隣の席は、年配の女性の方であった。

浜松を過ぎたころ、私は安岡正篤《やすおかまさひろ》さんの本を読んでいたのだが、突然隣の人にその本にはいいことが書いてありますねと話しかけられた。

そして、その本をきっかけに人間のこころの持ちかたで相手に対する対応の仕方が変わることとか、チャネリングの話、最近の相手の悩み、宗教の話などに及んだ。京都で下車されるころには、お互いにこの席に座った偶然の恐ろしさを改めて認識し、また乗車時間を感じなかったことを喜び合った。

私は最近その本に対して興味を失っており、朝出かける前にちょっと読みたいなと思って、何の気なしに持ち出したものであり、それがきっかけにならなければ、話をすることもなかったであろうし、その席に座らなければ知り合いになることもなかったと思われる。

この偶然の積み重ねを思うとき、これは必然であると思わざるを得ない。

(社)日本電設工業協会のセミナーの仕事で仙台に行ったときのことである。仙台の地下鉄のホームでばったり知人と出くわした。

最近まで私の職場に来て一緒に仕事をしていた人である。かわいい子供たちと奥さんと一緒のときであり、懐かしく話をした。

翌日、彼の職場で他の人と仕事をしたが、本人はほかの用事で出掛けてしまい、あまり話す機会もなく終わった。

しかし、前日の地下鉄での話で十分満足していた。

このとき、彼に会うまでに私は、新幹線で仙台に着いたばかりで2、3本の電話をして、その挙げ句、駅のなかで迷って20分くらいうろうろした後、地下鉄のホームに入った訳である。

偶然の中にはある条件が重なりあってその状況が設定される訳で、その状況に登場する人のちょっとした動きが新しい状況を産み出す。このように考えるとき、すべてのことはまったくの偶然の産物であると感じられる。

また、急ぐ書類に印鑑をもらわなければいけない日の朝、ちょっと早く出かけ、急ぐ会社近くで、信号待ちをしているのは決裁者当人であり、一度だって顔を合わせたことのない人なのに早速主旨を説明し、会社に着いてからすぐに印をもらうことができ、非常に助かった。どうしてもその日早くにもらう必要があり、この偶然を喜ぶとともに、あまりに偶然であるがゆえにまさに必然と感じられるのである。

同じようなことで、類は友を呼ぶという言葉も実感をもって感じている。

自分の興味のある事柄に対してアンテナの感度を高くしておくことにより色々の情報や人間が集まってくる。興味があれば自然にアンテナにひっかかり、またしかるべき人に会わせてもらえる。

このように、最近の私はこの世の事柄は必然なのではないかと感じ始めている。人と会う機会があるとこの意味は何なのかと思って、けっこう興味が湧いてくる。

（『電設工業』平成3年5月号掲載）

第五章　こころと環境

書はこころ

書道展に行った。書道を少し始めた仲間と一緒に。中で、好きな書を探すのがいいよと言われて探した。何点かあった中で、途中から良いと思われた作品を手でなぞってみて驚いた。書き方が全然違っている。書く方向も違っているし、崩してあり、字も違っている。こんなに違うのかと思い、ショックを受けた。気楽に初めてしまったことを、少し後悔し始めた。

書はその人の人間性を表すと言われ、その魂のルーツまでさかのぼるらしい。先生によれば、私はどうも昔、お坊さんだったことがあるらしい。

書に関して、春日大社宮司の葉室頼昭さんは面白い経歴の人で、お医者さんから宮司になられた。形成外科で顔の手術が完璧にできたと思われたときに、宮司への道が開けたそうである。

宮司になられる前から、字が下手なので、知り合いの書の先生のところに奥様と一緒に習いに行かれたが、奥様はうまいのだが本人はあまりに下手なので、一字だけ習うということになり、神という字だけを学ばれたそうである。

そして、宮司になられてからも余りの字に代筆される人があり、誰も揮毫を頼まれなかったそうである。あるときどうしても断れない事情があり字を書かれたが「こころで書を表現するのが書道であろう」と身を潔斎して「心からの字を神様の心を表現しよう」と思って書かれたところ、素晴らしい字が書けた。それを書道の先生にみてもらったら、その先生も「葉室さんがはじめてこころというものを表現してくれた」と泣いて喜ばれたということである（その字は中国の有名な書家の字とまったく同じだということで評判になった）。そして、それからは他の字もうまく書けるようになられたそうである。

（『電設技術』平成18年9月号掲載）

天といえども

菜根譚の「天といえども」は私の好きな言葉である。いやなことや不利なことでいやになることもあるが、そんな時にこの文は勇気づけてくれる。私流に解釈をしてみる。

＊　＊　＊

天、我に薄くするに福を持ってせば、我、わが徳を厚くしてもってこれを迓《むか》えん。天、われを労するに形を持ってせば、われわが心を逸してもってこれを補わん。天われを扼《やく》するに遇をもってせば、われわが道を亨《とお》らしめてもってこれを通ぜしめん。天かつわれをいかんせん。（『菜根譚』）

＊　＊　＊

「天が私に貧乏にさせるなら徳を厚くしてそれに迎え撃ち、天が苦役で苦労させようとするなら苦労を苦労と考えない気持ち（心）でもってそれに望み。そして天が処遇の上で私に冷遇してくるなら、一層そのことに励むことによりその道を通り抜けてみせる。いかに天がこんな私を苦しめようと思っても私の誠意に対してはつけ入るすきがないだろう。」

まさに天はそんなところに対しては情にほだされてしまうものらしい。

必要なことは向こうからやってくる。すべての事柄において私自身に必要なことは向こうからやってくるあわてることはない。天が私に経験させようと色々な体験を取り揃えて向こうから提供してくれる。こちらとしては来るものを受け入れて対処していけばいいんだが、どうもそれだけでは足りないと思うのか、自分で何でもやろうとして失敗したり、必要ないと思ったりしてしまい天の意思に反する行動になったりしてしまうこともある。あるがままを受け入れることにより天の意思はその人に必要な体験を運んでくれるのだから、来る運命を受け入れる余裕があれば世の中に対処していけるのだ。

（『菜根譚　名言の智恵、人生の智恵』ＰＨＰ研究所　谷沢永一氏を参考）

ミスター環境庁

ある日の新聞（２００８年5月30日夕刊）にミスター環境庁の橋本道夫さんの記事が載っていていたく感動した。環境庁の初代公害課長として活躍されている姿に！「足尾鉱毒事件で農民とともに生きた田中正造の全集を持ち、公害問題に取り組まれた」とのこと日本にも猛者《もさ》がいたんだとの思いが頭に浮かんできた。社会を正しい方向へ動かしていくのはこういう人ではないかと改めて尊敬の念が湧いてくる。「企業から憎まれ、患者団体からなじられ、役所からは「進みすぎ」と言われた。でも悔いはない」の言葉に猛者としての姿がダブる。ほんの新聞の切り抜きで出会った人だった。橋本道夫さんの正直そうな人柄を表す家族写真との出会いだ。この人がそんなすごい人だったのだ。知れば知るほどほれぼれする。

その後環境省の方々との座談会で橋本さんのお話が出て、環境省のバイブルのように慕われており、基本的な考え方の指標にされている話を見聞きし、なお一層惹かれるものを感じた。

朝日新聞2008年5月30日夕刊
1964年春、出向先の大阪府から厚生省に戻ることになり、家族と見送りを受ける（左手前が橋本道夫さん）

橋本道夫氏（元環境庁大気保全局長）
阪大医学部卒業後、米ハーバード大大学院で公衆衛生を学び、厚生省（当時）へ。創生期、高揚期、冬の時代。環境行政を築き上げ「ミスター環境庁」と呼ばれた。
64年初代公害課長に就任し、情報公開して住民運動を盛り上げ世論を武器に産業界と通産省（当時）に立ち向かった。72年三重県のぜんそく患者の救済に動き出し、全国の患者の意見を聞き、国が公害地域と患者を認定。世界初の公害健康被害補償法が成立。70年代半ば産業界の巻き返しにより二酸化窒素の環境基準を緩和する役目を負った。その責任を取る形で退職。

「ミツバチ謎の大量死」とレイチェル・カーソンさん

ミツバチの大量死が我が国でも問題になっており、２０１２年9月15日の朝日新聞に載っていた。これは世界的な問題として２０００年後半から問題化しているようである。新聞の農林水産省の研究プロジェクトによれば水田に撒く農薬によってミツバチの大量死が起きているという。日本の場合は稲に農薬をまく時期を外せば大丈夫なような報道であるが、「ハチは何故大量死したのか」のローワン・ジェイコブセン氏によれば２００７年の春までに北半球のミツバチの4分の1がいなくなっているそうである。そしてミツバチたちは農薬によって巣に遠いハチからアルコールのドランカーのように方向性を失い巣にもどれなくなって失踪状態になっているようである。また、ミツバチがいなくなり人間が花から花へと受粉しているとの話も載っている。

レイチェル・カーソンさんが１９６２年に著書『沈黙の春』で化学物質への警鐘を鳴らされて「沈黙した春に、鳥も鳴かない春が来ると農薬の危険性から地球の予言をされていた」環境ホルモンのシーア・コルボーンさんよりも以前から、ＤＤＴによる鳥類への生殖異常から内分泌攪乱化学物質（環境ホルモン）の予見をしておられたわけである。レイチェル・カーソンさんの研究家多田満さんによれば、カーソンさんは『沈黙の春』で環境破壊に対する危機意識として「植物は、錯綜した生命の網の目の一つで、草木と土、草木同士、草木と動物の間には、それぞれ切っても切り離せないつながりがある。もちろん、私たち人間が、この世界をふみにじらなければならないようなことはある。だけど、よく考えた上で手を下さなければならない。忘れたころ。思わぬところで、いつどういう禍をもたらさないともかぎらない」と自然の生態系の破壊に対する危機感を明らかにされている。自然の生態系には動物・植物・土そして人間との間には密接な関係があり我々人間の考えでは及ばない自然の摂理が存在するのだと思う。農薬によりその体系が崩されているのが明らかになり、我々の目に見える形になってきているのであろう。現実の問題としてミツバチが減少し、そこには沈黙の春が来るしかないのだ。

内と外

いままで腸の中は人間の体の一部であり、体の中と思っていた。実は体の外側であると ある方から聞いてびっくりした。腸の中は確かに外の世界と口を通じて直接つながってい るため外と考えられる。しかし、今まで体の中だと思っていたものがそんなことで外にな ると言われると不思議な気がする。確かに腸の中を食物が通っていく様を考えると腸の中 は外界に直接つながっていると感じる。腸のひだから体の中に栄養を取り込んでいくわけ であるから腸から取り込むまでは外の世界と考えられてもおかしくはない。

人間の体は食物を食べ、血となり、肉となることから外から取り入れるものは直接自分の 体につながっている。環境ホルモンとしての農薬が大地を汚すとすればそれを食べている 人間は体が汚染されていく。地球を汚すことは自分の体を汚していることになる。ＣＯ２ の増加による地球の温暖化も農薬汚染問題も直接自分の体に降りかかってくる。人間は約 70％水からできている生命体として、土から生まれ死んだら土に返り、循環している。水を汚すことが人間自身を汚すことにつながっている。そして野菜を食べることによりその野菜が自分の体に変わるわけである。つまり野菜は自分なのである。こう考えれば、生命体として食がいかに大切かも分かる。環境と人間というものも区別出来るようで出来るものではないと分かる。内と外は結局つながっているため内も外もないのである。内も外もきれいにしなければ相互に汚染されてくる。特に外（自然）が自分でないと思っているとそのことが自分への反逆となる。

環境を守るとは地球の生態を守ることであり、環境を汚す事は我々生命体を地球に住めなくすること。また、地球環境を守るためには一人一人が精神的に豊かさも持っていなければならない。

最近、養老孟司さんとサッカーの前日本代表監督岡田武史さんの対談を知る機会があり、その中で養老さんは昔の人は死ねば土に返ると考えていたし、米を食べると体になるのだからそれを作っている田は自分の一部と言われている。

つまり、環境（自然）と自分さえも分けないで考え、環境においては内（自分）も外（自然）もないのである。

（『電設技術』平成23年10月号掲載）

美しい心

「真心を込める」とよく言うが、真心を込めた行動とはどういうものだろうか？

その人に心からの行動が表れることではないだろうか？

先頃自殺した人に見る心と行動の離反、行動が心に反していたために自分の体を自殺と言う形で表してしまった、不幸な話である。

自然に行動したくなるような心の動き、これは無意識の心、魂からの行動とでもいうのではないだろうか？

心にストンと来るような気持ちは、魂からわかっているからなのではないかと思う。

美しい心は美しい行動になるであろう。そして、心ある行動というのは魂に根ざした行動をいうのではないだろうか？

このように考えると、小手先の行動が如何に頼りにならないかという事に気づく。誰でも結局、魂の分しか心に、行動に、表せないのではないのだろうか？

ハート（心）の鍵は魂が握っている。魂はすべての行動の源である。

「心は魂からなり、行動は心からなる。」すべての行動は魂から湧き出て、心に移り、行動に表れてくるのだろう。したがって、一心に心（魂）を磨くことが、美しい行動につながっていくのではないかと思う。

剣道に「気《き》剣《けん》体《たい》一致」という言葉がある。気合と剣（竹刀）と体が一体となって打ち込むことが、真の打ち込みという意味であるが、人間の心と魂の関係も一緒で「魂・心・体（行動）一致」である。魂と心と体が一致して、初めて真の行動につながるのではないかと思う。

（『電設技術』平成17年12月号掲載）

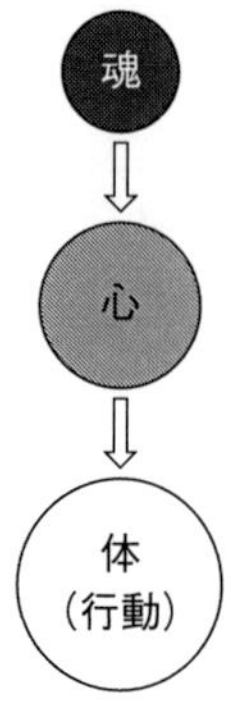

魂・心・体（行動）一致

最高の人格

最高の人格に表される表現に出合った。『菜根譚』の中の一項である。

＊　＊　＊

文章は究極に做《な》し至れば他奇あるなし。ただこれ恰好のみ。人品は究極に做《な》し至れば他異あるない。ただこれ本然のみ。

＊　＊　＊

最高に完成された文章は少しも奇をてらったところがない。ただ、言わんとすることを過不足なく表現しているだけだ。最高に完成された人格は少しも変わったところがないただ自然のままに生きているだけだ。『菜根譚』（ＰＨＰ研究所　著書守屋洋氏）による。最高の文章にみられるように、最高の文章は少しも奇をてらったところもなければそれを過不足なく表現できる。そういう人格になればいいのである。そして、最高に完成された人格は少しも変わったところがない、自然のままに生きている。いかに平易にして当を得ていることか、平易の中に最高のものがある。完成されているようなものには、一見見たところではそう感じないがそうしているだけで軽妙なものではなかろうか？

非常な感銘を受けるのではなくただ淡々としているものだろう。

いわく木鶏に似たりである。

「こころ」と環境

春日大社の宮司であった葉室頼昭氏の著書『神道のこころ』のお言葉の中に、心と環境の部分があり、その通りだと思わされている。ちょっと長くなるが、ここに引用させていただく。

「こころを表したものが全てに表現される。環境もまた然りである。環境に取り組む態度もまた然りである。日本人というのは全て自分で生きているのではなく、生かされているという事が基本ですから、神様のお導きでさせていただくという姿でなければいけません。人間の体というのは、自分の我欲を無くし、ありのままを受け入れることで、はじめて理解できるというシステムになっているんです。それは外に求めるのではなく、自分を変えることによって本当のことに近づいていくんです。これに気付かなければいけない。いまの人は外を変えようとしている。そうではなくて、自分を変える。自分を変えて無我に近づく。これがものごとを理解する第一歩で、ここからすべてのことに通じていくんです」

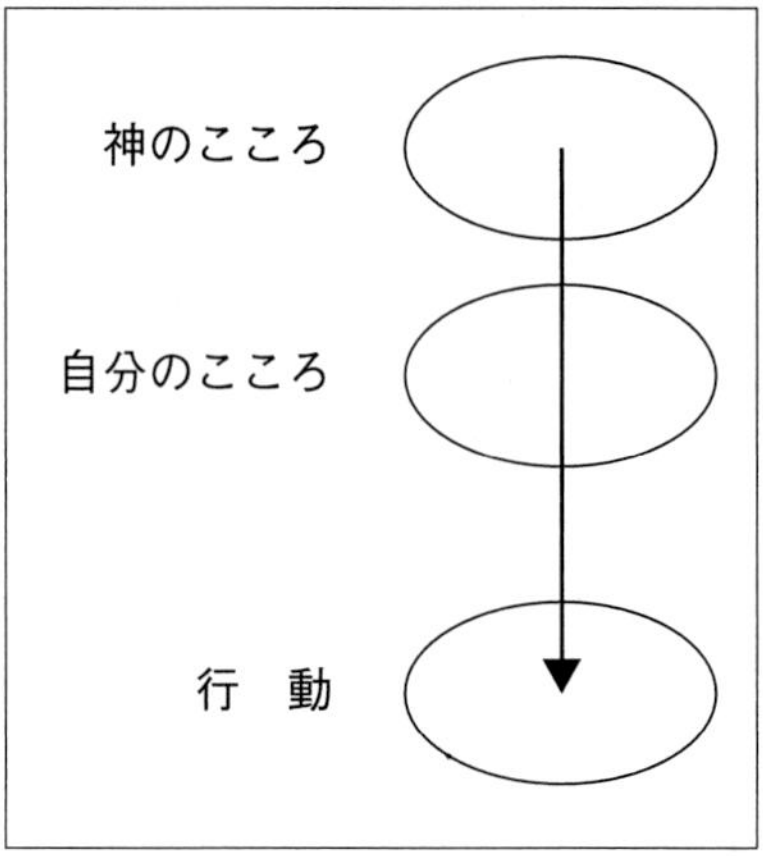

「本当のことというのは宇宙の仕組みです。これ以外に本当の事はないんです。神道はその本当の事を表している。よく人間が新しいものを発見したとか、発明したというけれど、そんなものは存在しない。それは、宇宙に存在する法則に人間が気がついたというだけなんです。宇宙に存在しないものは人間は作れない」

「そんな中で人間は自分で生きていると考えている事が現在の最大の間違いです。人間は生かされている、何事もさせていただいていると言うのが真実です」

「人間の知恵で人間の頭で考えて自然を回復させてやろうとしてもそれでは永久に自然は回復しません。共生という考え方が根底になければ本当の自然は回復しないのです。自然とともに生きよう。人間の力で自然を回復するんじゃなくて、自然を生かしながら、同時に人間を生かす共生という考え無くして、一歩も進む事は出来ません」

「外国のものの考え方で、人間の力で作り変えて、自然環境を守ろうとするから守れない。やればやるほど自然破壊になってしまうんです。必要なのは、日本の、本当の自然とともに生きるという素晴らしい発想です」

「人間の頭で考えた自然回復なんてやっても、自然は回復しないんです。今、原点に戻って、日本人が持っていた素晴らしい自然観を取り戻す必要があります。われわれの身体に宿る遺伝子のなかには、祖先からの記憶が入っていますから、もう一度これをよみがえらせて、本当にこの地球を救わなくてはなりません。今、地球を救えるのは日本人のこの自然観だけですね。これ以外の方法で、地球を救える方法なんてありません。外国の唯物的なものの考え方ではもう地球は救えないと思いますね」

「もう人間の頭で考えたって自然はよくならないのであって、まず本当の自然の仕組みというものを知る事が先決だと思います。そしてこれをやれるのは日本人ですよ。いろいろ考えていくと雨も風も何もかも、気象条件も人間の心によって影響を受け変わる可能性があるということなんですね。単なる太陽の光で海の水が蒸発する。そんなものとは違うんです。だから人間の心が乱れると、水の分子がみだれるから、気象状況が変わって旱魃にも、豪雨にもなり、人間の心が調和すれば、ちゃんと適当に雨も降ってくれるということにつながると思うのです。つまり、人間の心を調和させるという事が原点なんです。これをめちゃくちゃの利己主義的なことをやるから、異常気象で雨が降らないで、水が足りなくなったりするでしょう。そのためにダムを作るわけです。ダムを作ると栄養分が来ないから、プランクトンがいなくなる。そうすると炭酸ガスが減らない。こんな悪循環をやっているんです。そういうことではなくて、人間の心が整ったら、気象も整うということです。雨も適当に降ってくれる。これなんですね。全ての原点は人間の心なんです」

人の心を整えるという事が一番大事である。

「これまで、人間は自分の利益になることばかり考えてここまで来てしまいました。科学を信じる、正しいと言うけれど、人間の幸せを考えて発達した科学がいまや大気汚染や大変な地球破壊まで引き起こして来ているでしょう。どこか間違っているんです。科学が正しかったら、今は皆幸せになっているはずなのに、現実は段々と生活しにくい世の中になって来ているでしょう。これは本当の事をみんな忘れてしまったからですね。いっぺん理屈を捨てて、真実の感謝の心でもって本当の世界、理屈を越えた世界を感じる事が必要です。自然の本来に立ちもどりなさいと。そうしたらこの世の中はよくなりますよ。ということなんです。人間社会が、世の中が幸せになるとか、そういう問題ではなくて、人間の心が変われば、自然も宇宙も全て変わるということでもあるんです」

これがよくこころと環境について表現されていて、人々の心を整えていくことが結局は環境にもつながって、生かされている自分に気づき感謝して生きてゆくことが周りに影響していい世界を作ってゆく、すべての原点はこころにあるんだということである。

人間の持っている知識だけでは本当の事もわからないし、知らないが、一番大切なことは一人ひとりの環境への想いを変えることが地球環境のために一番大切なことであり、こころが変われば、こころの変革がなされれば急激に環境へも反映されるであろうことは間違いない。人間のやさしい心が自然を変え、自然の心が人間を変える。自然と人間の心はつながっている。こころと地球環境はつながり一体のものである。一人ひとりのこころの環境革命が地球環境を守ってゆくのである。

第六章　何故、地球環境を守るのか

私と環境（環境革命論）

1　はじめに

以前に『なぜ地球環境を守るのか？』のタイトルで私と環境の出会いを電気設備工事の雑誌である「電設技術」に執筆したとき、サブタイトルとして「環境革命論」という言葉を使った。私は「一人ひとりの環境への意識革命」がこの地球を救うという気持ちを込めて「環境革命論」と名付けた。ここにこれをベースに私の環境とのかかわりとその想いを述べさせていただくことにする。

2　環境との出会い

私の初めての環境問題との出会いは平成11年1月に行われた日本水環境学会におけるセミナーへの参加であった。その時に講演されたのは環境ホルモン（正式名称は外因性内分《がいいんせいないぶん》泌攪乱《ぴっかくらん》化学物質）の話であった。そして環境ホルモンの怖さを知った。

この怖さは目には見えないための怖さである。オゾン層破壊や酸性雨などはすでに言われていたが、それほどの怖さは感じていなかった。環境ホルモンの怖さは目に見えないうちにやられているという怖さだった。誰も知らないうちに気が付いたら人体を侵されているという、これは本物だと思った。環境ホルモンの影響による18、000頭のアザラシの大量死、本来病気の少ない北極に住むエスキモーの人々が病気に侵されているのは、日本や東南アジアで使用されている農薬などの環境ホルモンが気流に乗り北極に流され、それが原因となって汚染が起きている事実を知らされた。これを見ても地球は一つであると意識せずにはいられない。

そして、環境問題には国境がない。また、その環境ホルモンは哺乳類の場合、母乳を通じて約60%が子供に伝わっていくというものであった。これは何とかしなければと思わされ、それから環境門題に大きくかかわってゆくこととなった。中でも農薬の持っている環境ホルモンについての威力というものは農作物を食料として普段に食べているだけに怖いものを感じさせられた。そして、政府としての対策も十分でない、どちらかといえば企業や対外的な立場を考慮して、消費者のことを考えた対策が取られているとは思えない点が安心してはいられないと感じさせられた。環境ホルモンの入った水槽にオスのメダカを入れておくとオスのメダカがメス化するということを聞き、ますます大変なことだと思わされた。このように環境ホルモンはプールに1滴のしずくを垂らすような量でも影響があるため余計に深刻であると思った。

そして、現在は気候変動の問題が大きくクローズアップされてきた。地球の温暖化により海面上昇の危険性や生物多様性が侵され生物種が次々と絶滅するという状況になっている。気温上昇は1℃以内にそして温暖化ガスであるＣＯ２濃度を３５０ｐｐｍ以下に抑えることが必要になっている。気温上昇が1℃を超えると気候のコントロールが利かなくなる恐れがあるとジェームズ・ハンセン氏らの有識者は考えている。

3　複雑に影響する地球環境問題

地球環境の悪化を示すものとしては気候変動問題（地球温暖化）、環境ホルモン問題、オゾン層破壊問題、ごみ処理・ダイオキシン問題、酸性雨、生物多様性の危機、遺伝子組み換え作物問題、食のグローバル化と狂牛病問題、原子力問題、車の大気汚染問題、森林伐採問題、森林火災問題、干ばつ・豪雨等災害の多発問題等などが地球と人間を取り巻いて、人類の存続を脅かしている（図1）。

これらの地球環境問題は地球人口の増加と経済成長による経済活動の拡大が大きな要因であるが、大きく3つに分けられる。一つは貧困問題、次に気候変動（地球温暖化）の問題、3つ目は生物多様性の危機の問題である（図2）。

産業革命後、急激に増え続けた世界の人口は2015年には73億人となっており、おおよそ12年毎に10億人（8300万人以上／毎年）が増えている。2040年代の早い時期

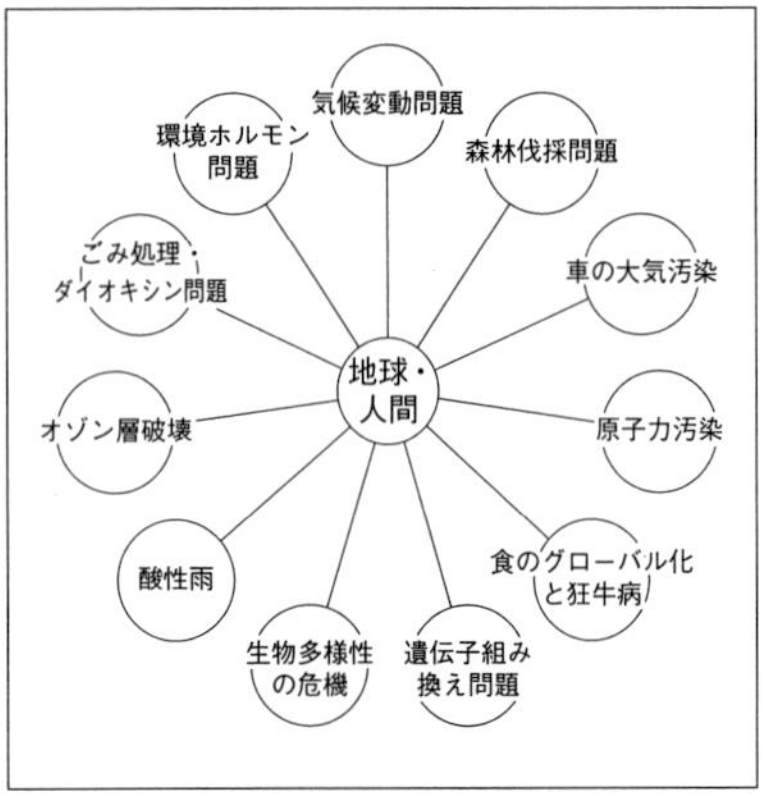

図1　地球環境の悪化

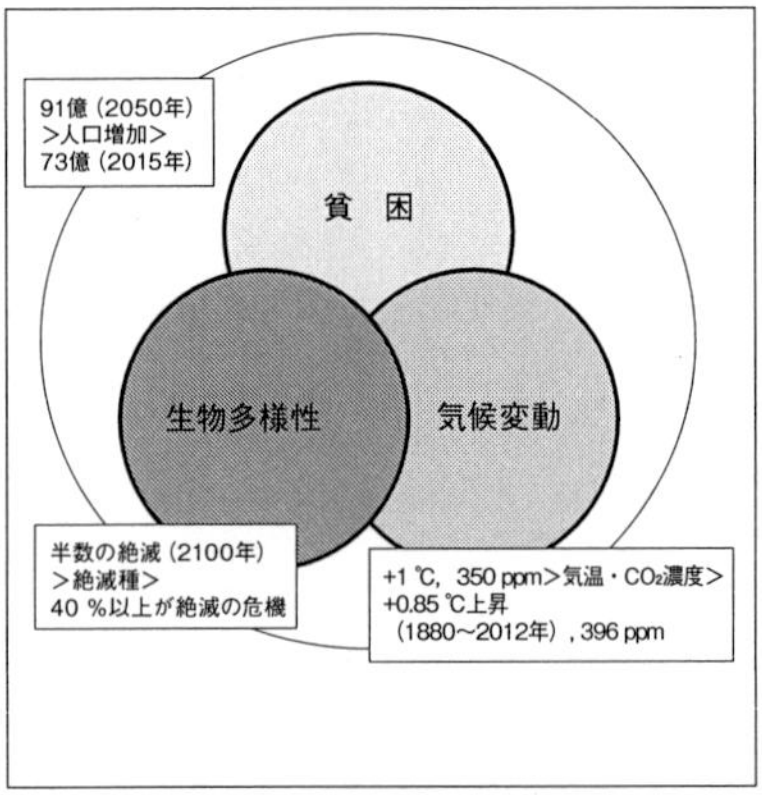

図2　地球環境問題の争点

に90億になると予想されている（図3）。この人口の急激な増加が環境問題の主要な要因でもある。とりわけ、貧困に関して2010年には世界で1日1・25ドル以下の極貧の生活をしている人は人口の約22％、12億人いるといわれていた（図4）。

国連の「ミレニアム開発目標（MDGs）」への取り組みにより、2015年までに貧困が1990年に比して半減され、1日1・25ドル以下の極貧生活をする人々は約12％、8億3600万人となっている。

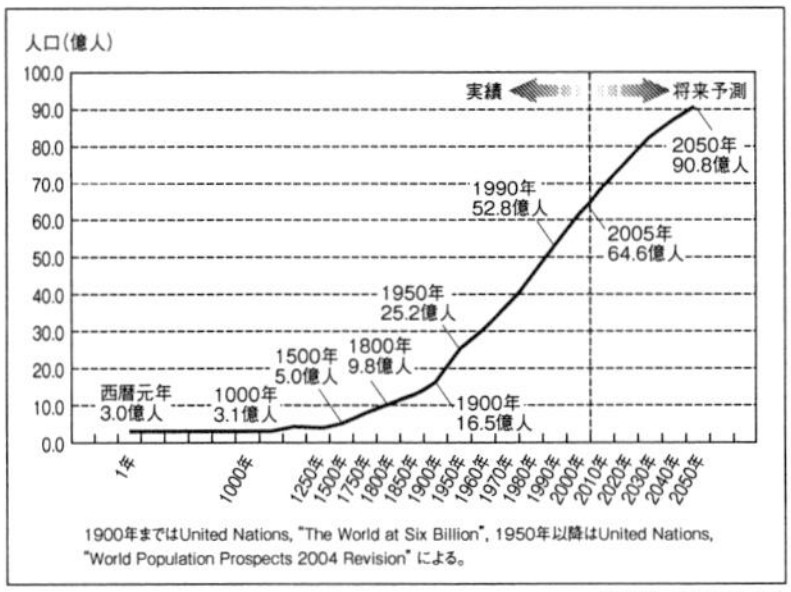

出典）内閣府資料

図３　世界人口の推移

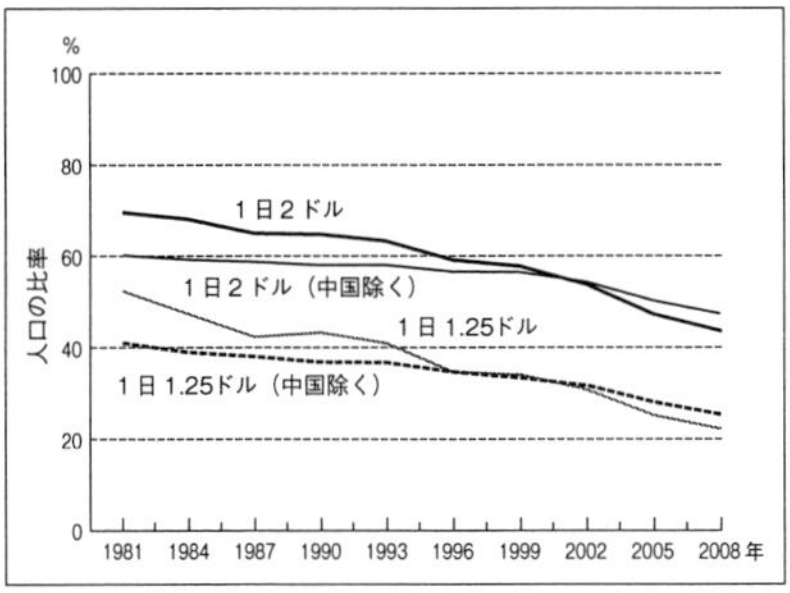

出典）The Age of Sustainable Development :Jeffrey D. Sachs

図４　世界の貧困の比率

また、エイズ問題では２０００年末における世界のエイズ感染者は３５０万人であったが、国連のミレニアム開発目標による成果で２０１３年には２１０万人までに削減されている（図５）。

気候変動は地球温暖化問題であり、このまま進むと地球は大変なことになる。

ＩＰＣＣの第５次評価報告書によれば、このまま二酸化炭素を排出する消費生活（図６）を続けていくと２１００年までに２・６℃から４・８℃まで大気の温度が上がり温暖化の影響により氷河が解け海面上昇が起こり小さな島国では海に埋没してしまう危険がある。

今まで通りの脱炭素に向かわない生活をする場合（シナリオＲＣＰ８・５）の海面上昇は52ｃｍ～98ｃｍが予想されている。また、近年起こっている豪雨や、干ばつによる災害の被害は増大し、気候のコントロールが利かなくなる恐れがある。二酸化炭素の増大によりすでに１８８０年から２０１２年の間に世界の平均気温は０・８５℃上がっている。

生物多様性の危機については生物種が毎年百万種の内の１００種以上が絶滅している状況である。地球環境の限界を示すプラネタリーバウンダリーズの報告書によれば限界値は年百万種のうち10種類以下が限界であり、限界値をはるかに超えて絶滅が起こっている。海洋の温暖化と酸化によってサンゴ礁の死滅も起こっている。気温上昇が1・5～2℃でほとんどのサンゴが白化し死滅する（気候変動の危険性及び生物多様性についての詳細は

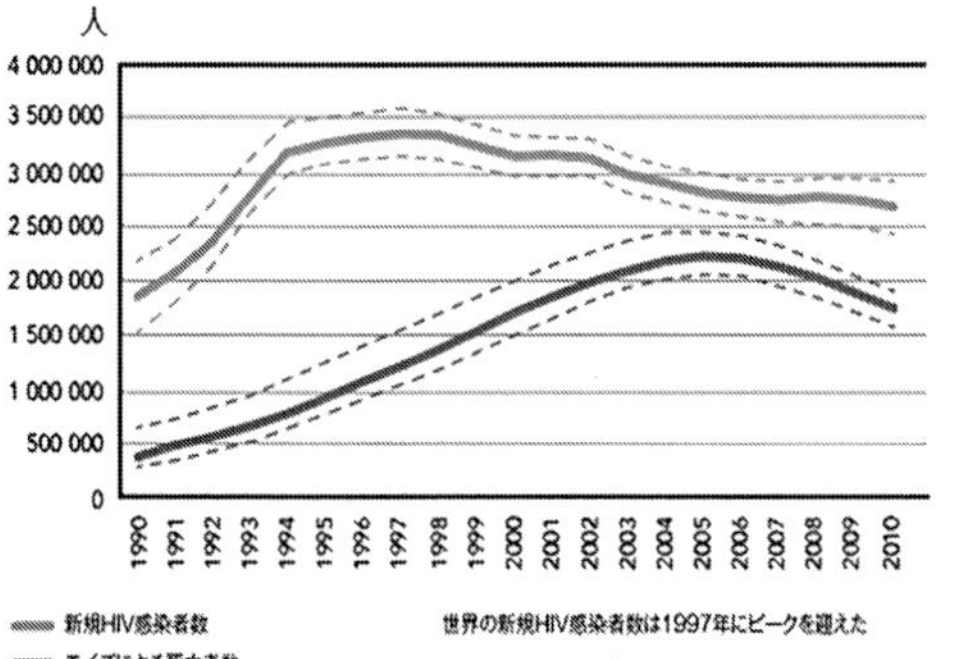

出典：UNAIDS（2011年度版）

図５　世界のHIV感染者数とエイズによる死亡者数

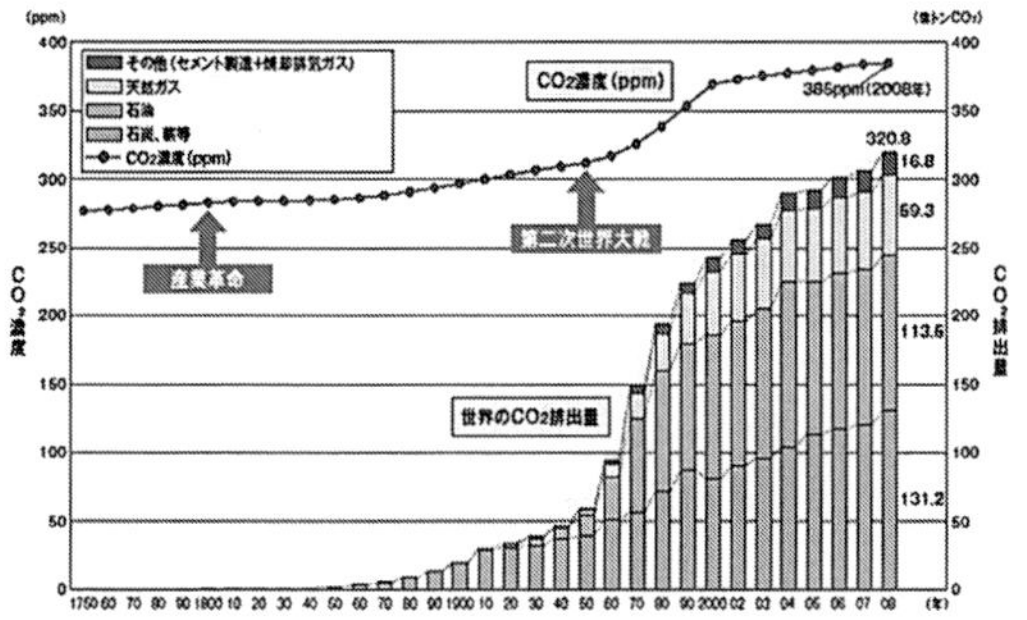

図６　化石燃料の燃焼による世界の炭素排出量

次項に譲ることとする)。

環境ホルモン・ダイオキシンの発生では、ＰＣＢ、ＤＤＴなど日本ではすでに使用禁止となっているが、農薬や塩化ビニルなどの環境ホルモンを使うと男性の精子が半減するなど、精巣や生殖器の異常に繋がり、がんの発生、奇形児の生まれる可能性が高くなるなどが起きている。特にやっかいなのは人体に環境ホルモンが入った場合、体の中では成長ホルモンや甲状腺ホルモンなどと間違えて同じように反応するということである。日本のイボニシという貝では、それによって雄に雌の卵巣ができたりして絶滅の危機に瀕している。

オゾン層の破壊問題では我々が安全だということでフロンガスを使用してきたことにより、そのフロンガスが大気圏のオゾンを分解してオゾン層が薄くなり、その結果宇宙からの紫外線が多くなるため皮膚ガン、白内障などの病気になる可能性が増えている。

遺伝子組み換え食物問題では、遺伝子を組み替えることにより特定の農薬に対抗性のあるトウモロコシや稲などが作られ、蝶を殺しミツバチを短命化する遺伝子組み換えの農薬に強い作物が作られ、自然の生態系を侵し、それが人間に及ぼす危険性は否定できない。

食のグローバル化により、手軽にいろいろなものが食べられるようになったが、そのために危険性も増している。狂牛病ではいろいろな問題が出てきたが、一つのハンバーガーに500頭もの牛の肉が含まれていることによる危険性はグローバル化と食の安全というものを象徴している。グローバル化と食の安全、輸送にかかるエネルギーと二酸化炭素の排出の問題と、地産地消ということのメリットなどについても提起している。

森林伐採問題では、例えばタイではエビを養殖して日本に出荷している。地元ではマングローブ林が伐採され、そこでエビの養殖をしている。現地の人は高価なためエビを少しも食べることができないと聞く。私達も身近なところで環境問題に加担しているのを感じないわけにはいかない。

車の排気ガスは大気汚染、二酸化炭素の排出による地球の温暖化問題、酸性雨の問題などの原因を生じている。1970年代に比べて2000年代は約2倍の輸送量となっており、その中で二酸化炭素の発生が大きいトラックの輸送量も約2倍に増加している（図7）。

季節にかかわらずいつでも好きなものを食べられるということも、物流の増加という問題に大きくかかわっているのではないかと思われる。

これらの環境問題は複雑に影響し合っている（図8）。例えば、石油、石炭などの化石燃料の使用により二酸化炭素が増大し、気温の上昇と海面上昇が起こり、地球温暖化の原因となっている。そして、生物種の絶滅を生じている。生物種の絶滅は生物種相互に影響しあうため、生態系全体の崩壊に通じている。

また、地球温暖化は海洋の湿った空気が熱帯低気圧の威力を増して豪雨・ハリケーンや反対に乾燥からくる干ばつや森林火災などの災害が多発している。地球温暖化問題では二酸化炭素の削減などにより気温上昇を下げる対策を講じないと人類存続の危機までになっている。

4 生命体としての人間

「何故、環境を守るのか？」の問いはすでに誰にでもその答えが分かっている問題である。しかし、どのように守り、社会をどのように変えていくかは難しい問題であると思われる。人間は地球上においては一個の生命体であり、地球も生命体であり、お互いは影響し合って生きている。環境を守ることは我々生命体を守ることであり、環境を汚すことは我々生命体が地球に住めなくなることであると思う。地球への環境汚染は、とりもなおさず人間に直接襲いかかっているようなものである。

地球も生命体として水と大気と太陽により生きているように見える。そして、人間もその上に住みながら自然の恵み、地球の恩恵を受けながら生命体として生きている。我々はあまりにも地球環境をコントロールしてきたために、自然の恵みを忘れて生活しているのではないかと思う。しかし現実はこの地球の上で生活している。地球でできたものを食べ

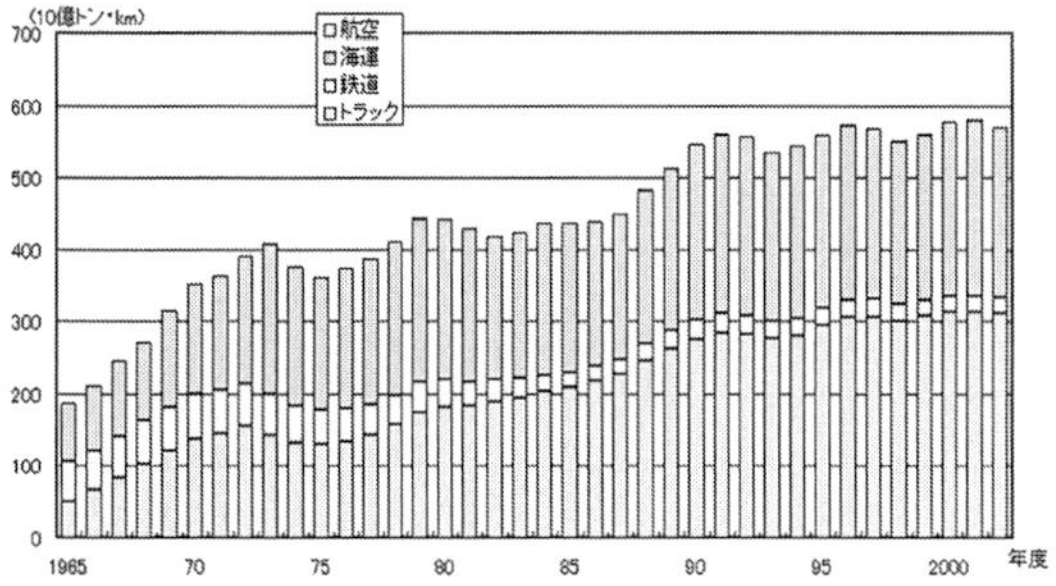

図７　日本の輸送機関別貨物輸送の推移

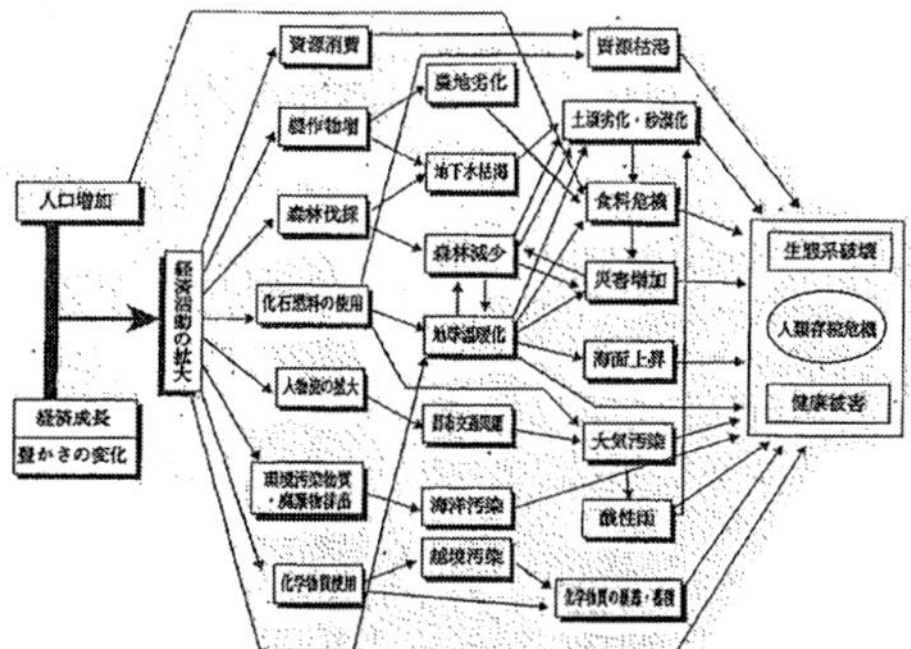

図８　複雑に影響する地球環境問題

てエネルギーとし、排泄して地球に返す。地球はそれを還元して、新たな食物としてまたエネルギーを生み出しているのである。人間の体は約70％が水でできている。地球も同じように水でできており、人間と地球は水を介して生命体としてつながっているともいえる。

生命科学者のライアル・ワトソン氏によると、水は宇宙の創世記に形成された最初の分子の一つであり、現在でも銀河系において3番目に多く存在する物質である。人間は皆、水と深く結びついており、大量の水を必要とし、水なしには生存することができない。つまり、私たち人間は水浸しの存在、いわば歩く水の塊なのだそうである。つまり、地球は大きな水の塊であり、人間もその上に乗る水が約70％も入った塊である。水なしでは生きられない存在である。

「日本の水を考える会」によれば、水はいのちであり、水のないところにいのちは存在しない。地球上の生物はすべて、水をベースにいのちを構築している。いのちは海の中で芽生えたと考えられていて、人は体の中に海を抱えている。そしてすべてが循環している。全ての生命を共有する水、(その水によって) 自然がいかに相互作用しているかがわかる。私たちの体を血液が巡っているように、水は地球の血脈として大地を巡っている。流れ、呼吸し、生きている水を飲むことは、ただ水分を補うだけでなく、大地の息づかいを体に感じ、人と自然が共振することであるといわれている。まさに水が生命を共有し、地球と人と相互交流させているといえよう。

また、地球は生命体であるとのガイア理論を作り出されたジェームズ・ラブロック氏によれば、地球は一つの生命体として機能し、進化してきた。そして、地球には常に、自らを生物が住めるような快適な状態にする維持力が備わっている。

太陽から放散される熱の出力は、この38億年間で25％も増えたというのに地球の天候は相変わらず生命が存在するための快適な状態を保っているし、大気中の酸素量も何億年ものあいだ、一定値を保っている。

現在のガイア（地球）は40億歳くらいであり、余命は十億年足らず。ちょうど人生の5分の4を終えたくらいで、人間に例えれば、80歳の未だ壮健なおばあちゃんなのである。彼女（地球）はもし、ノミが（つまり我々人類が）彼女を苦しめることを止めればほっとするのではないだろうか。今日人間が直面しているオゾンホール、地球温暖化、酸性雨といった環境問題は「ガイア（地球）自身にとって……」というよりも、「我々人類にとって」の方がはるかに深刻だということである。生命ある地球（ガイア）は、尊敬すべき存在、崇拝するにふさわしい存在であり、ガイアというシステムは科学をベースにしているが、同時に私たち人類もその一部を担っている。我々が環境にダメージを与えるならば、(ガイアが)現実に人類を罰して、人がガイアと適切に共生できない状況を作り出す。我々人類はこのことをよく理解しておかなければならないだろうと言われている。

ラブロック氏は「ガイアは地球であり、生命体である。〝環境問題はガイア(地球)にとって問題〟というよりは〝人間自身に問題〟であると言われている。地球にとっての影響があるわけではなく我々自身の問題であり、我々自身が解決すべきことである。

5　価値観の変化

人類は、産業革命以来、大量生産、大量消費を中心とした生活を主体として、地球環境に考慮することなく、資源は無限にあるかのように思って人間社会中心に生きてきた。その中で、日本は主に物質的な充実を求めて、西欧、米国などの社会に対して追いつけ、追い越せの主義で実施してきた。その大量消費、大量廃棄を行った結果として環境問題が表れてきている。しかし、今ここに地球資源の有限性を理解し、宇宙船地球号に乗り合わせている乗組員として各々の自覚が必要となった。今の経済優先社会では今後この宇宙船地球号は飛び続けることは不可能と思われるようになってきた。

このように、今までの経済優先社会に対して環境優先社会の構築が必要となっている。私たちは環境との調和を考慮した経済活動を考えることを余儀なくされている。この背景には、物質的な豊かさを追い求めた結果としての環境問題の浮上であり、これらの問題は物質的な充足だけでなく、精神的な貧困によって引き起こされたものであると思われる。そして、今まで日本で行っている環境対策もどちらかというと社会的に問題が生じてからの後追い対策が主であり、人間が良かれと思う自然環境への回復であって本来の自然の持っている生態を考えた対策となっているかは疑問である。

6　豊かさとは

2002年8月から9月にかけて南アフリカで行われたヨハネスブルグ・サミット（持続可能な開発のための世界首脳会議）に行った。その時のアフリカの子どもたちの笑顔の素晴らしかったこと。そして、「豊かさとは何だ?」ということを考えさせられた。物はあっても、もっともっと欲しいという気持ちで過ごしている日本と物はなくても明るく過ごしているアフリカ。私は自然に子供の頃のことを思い出していた。田舎で無邪気に育ったその頃の事、物はなくても自然からとれたものを直接食べ、量は少なかったが満足していた頃。自動車が来たばかりでそれに乗せてもらって喜んでいた頃の豊かな気持ち。それに比べて今の何でも自由に食べられる毎日、しかしこれは本当に豊かと感じているのだろうか？　こう疑問が生じてきた。

そして、シャワーを浴びながら気付いたことは物質的な豊かさと精神的な豊かさの問題であった。日本は物質的には豊かであるがこのアフリカの人の豊かさ、精神的な豊かさがないのでないかと（図9）。

物質的に豊かな分だけ精神的豊かさを忘れているのではないだろうか？　アフリカでは物質的に貧困であるだけ、精神的には豊かになって平和を求めていくのではないだろうか？　と。

7　環境革命

そして、精神的豊かさがなければ、物質的豊かさだけではもうこの世の中は続けていけないのではないだろうか？　自分だけがよければよいとか？　もっともっととむさぼる心ではなく、足るを知り、精神的に豊かな心で世界の平和を考えていく。その心が地球を守り環境汚染を少なくする。また、そうすることがこの地球危機に臨んで最も大切なことであると思われる。

水の結晶が美しい音楽や感謝の言葉できれいな結晶になることを知らされたが、個人個人の環境に対する意識が変われば、生命体としての地球環境も変わる。一人ひとりの環境への意識を変える環境革命により地球の未来と我々生命体としての人間を守ることになる

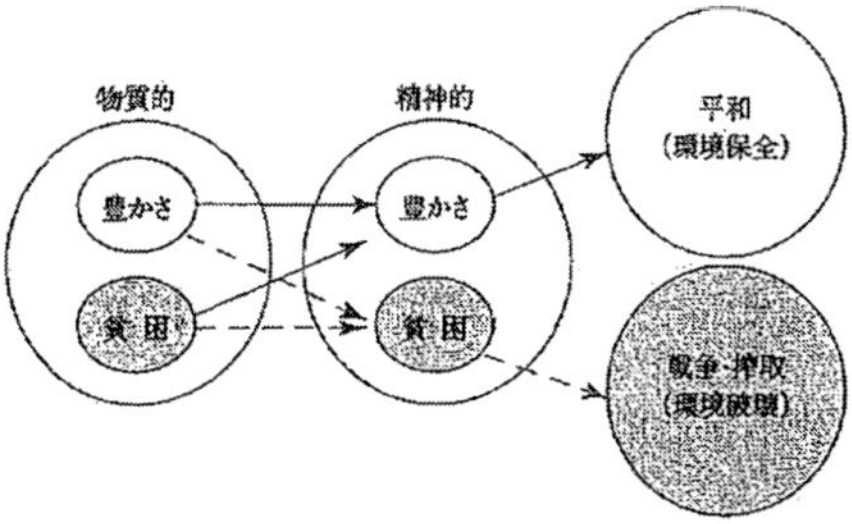

図９　豊かさとは

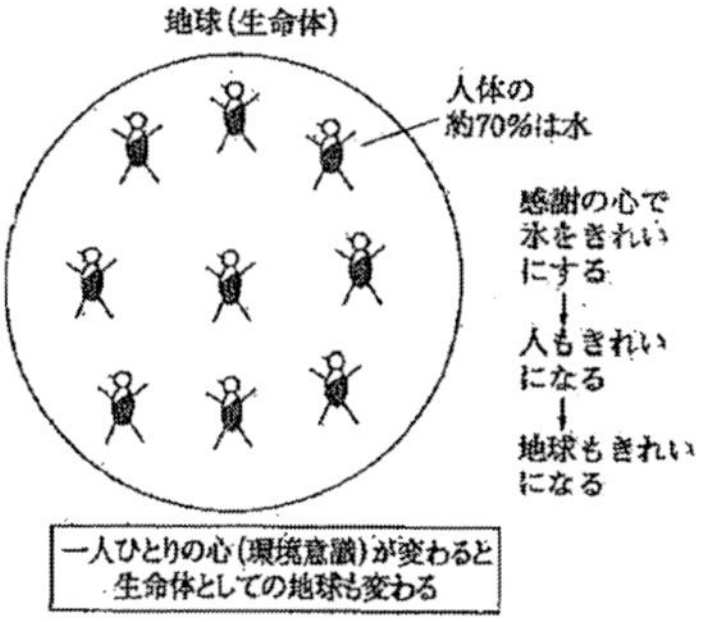

図10　環境革命

と思われる（図10）。

8　土から生まれ土に帰ってゆく

人間も生命体として土から生まれ土に帰る存在であり、特に人体の約70％が水であり、水を清浄に保つことによって人体も清浄に保たれる。なるべく、水をそして、水をはぐくむ土を清浄に保つことが望ましいと思われる。

しかし、現代社会は水も土も農薬やダイオキシンに汚染されている。何よりも水や土をきれいにして本来持っている自然の力を生かし、自然の生態系が循環することが大切である。農業も自然を尊重した方法で環境ホルモンの基である農薬や化学肥料を使わないで野菜を育てることにより、自然そのものの持っている素晴らしい力が壊されず、また、水も清浄に保たれる。そして、私達はその清浄な水や土から生まれた野菜を自然から授かったものとして感謝を持っていただくことにより人の健康と自然の健康が保たれると思われる。

農薬や化学肥料を使わない方法で取れたスイカを食べて、それが人間にとってその人の足りない部分に作用することを知った。疲れているときは疲れを取る効果があると実感し、自然の力の想像以上の素晴らしさに気付かされた。本来の自然の持っている力を大切にすることにより、人間も癒され、また、地球環境の保全もなされるものと思っている。

気候変動の危険性

1　地球温暖化の現状

今、誰もが何か地球はおかしい。毎日が、夏が、暑すぎると思っているのではないでしょうか？　不規則な雨に列島が見舞われている。都心での天気が雨のところもあれば晴れているところもあり変化が激しいと誰もが感じているのではないですか？

地球温暖化に関して、先進国の間では２０５０年までに地球温暖化の要因であるＣＯ２濃度を80％削減することで世界的合意がなされている。これはＩＰＣＣ（注1）第5次評価報告書による、地球の大気温度が2℃以内に二酸化炭素濃度を収めるためのものである。

しかし、米国議会で（１９８８年6月）最初に気候変動の説明をされたジェームズ・ハンセン氏と17名の科学者による最新のレポート「*Assessing "Dangerous Climate Change": Required Reduction of Carbon Emissions to Protect Young People, Future Generations and Nature*」（２０１３年12月3日）では、2℃の温暖化では危険であり、産業革命以前からの

温度上昇は１℃以下にすべきであると報告されている。

理由は、１℃の上昇では今までの地球の気候の変動範囲内であり、人間に及ぼす影響は限られているが、温度上昇が２℃になった場合は海面の上昇が６ｍになる可能性があり、気候変化が氷床や海面への蓄熱という形で表れて、大気に及ぼす影響の遅れを考えた場合コントロールできない可能性を秘めているという。しかしながら既に地球の温度は０・８５℃上がっている。そして、この状況で様々な気候変動は起こっている。米国におけるハリケーンの「サンディ」やフィリピンにおける大型台風の「ハイアン」などにも表れている。また、日本の身近な所でも今までに考えられない１００年に一度というような大雨等の災害がもたらされている。

（ここで述べる事柄はジェームズ・ハンセン氏のブループラネット賞受賞時（２０１０年10月）の論文と先に述べた *Asseeing "Dangerous Climate Chang"* のレポートが主となっているものであり、それにプラネタリーバウンダリーズ及びＩＰＣＣ第５次評価報告書などの論文と私見を追加したもので、ここに書かれている事のすべての責任は私にあることをお断りしておきたい。著者）

地球は温暖化しており、それが人為起源による温室効果ガスによるものだということは、二酸化炭素やメタンガスの濃度と地球の温度とが密接に連動して推移しているため明らかである。過去40万年前からの二酸化炭素とメタンと気温の推移を図1に示すが、二酸化炭素とメタンの濃度に合わせて気温が変化している（図1）。

二酸化炭素濃度を見ると、産業革命以前のCO2濃度の世界平均は278ppmとなっており、現在の世界の平均は2013年度で396・0ppmとなっており、昨年より2・9ppm上がっている。工業化前に比し142％の増加となっている。日本におけるCO2濃度は2014年4月南鳥島で402・7ppmとなり400ppmを越えている（表1）。

2　世界で相次ぐ大災害

グラフに見られるように1850年以降近代においてCO2濃度とメタン濃度は産業革命以前の状況から急激に上がっているが、気温はゆっくりと上昇している。これはどうしてだろうか。近年CO2濃度の上昇に比例して気温がそれほど上がっていないのは気温上昇分を海洋に熱を蓄積しているからである。CO2は26％が海に、29％が大地に、そして大気に45％が残っている（図2）。

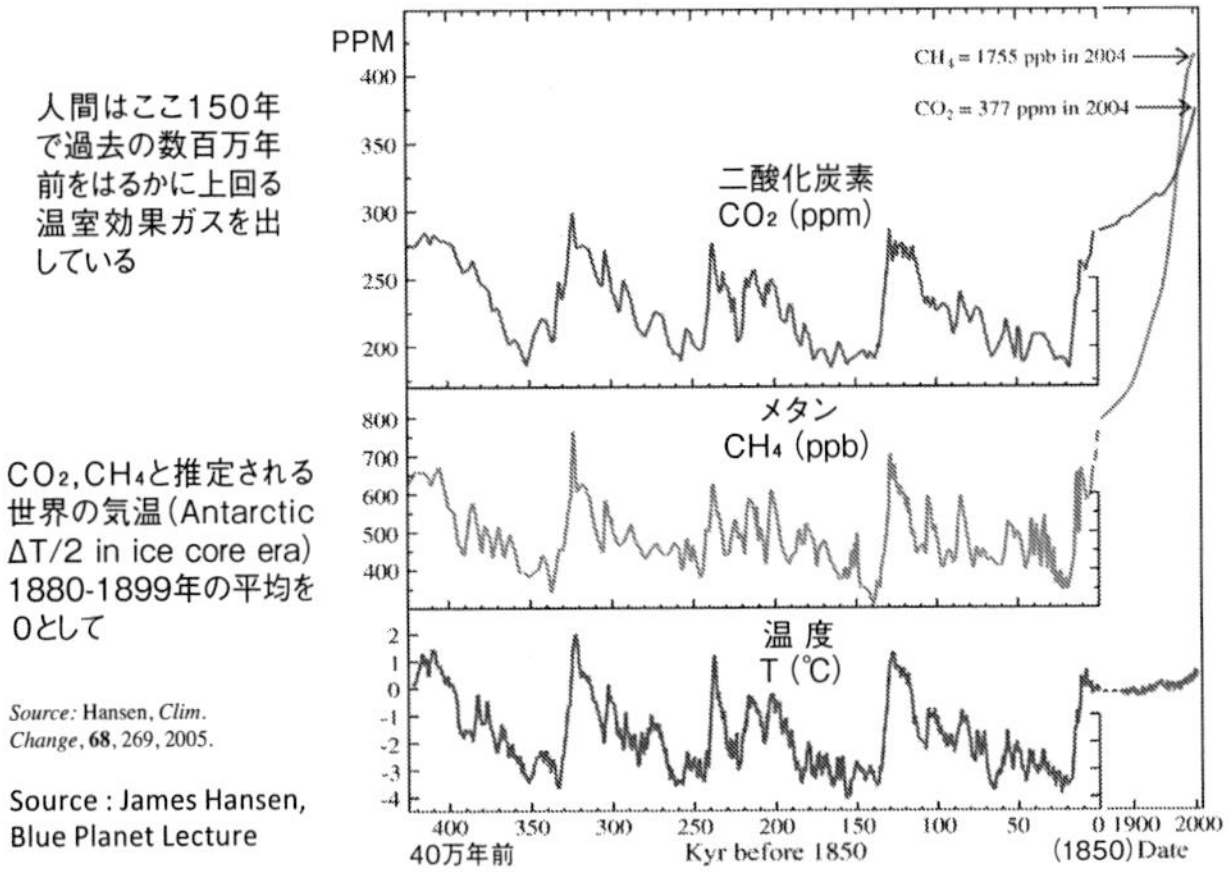

図１　過去における CO2 と気温の関係

東京・南鳥島（2014年4月）	402.7 ppm
飯田橋	420 ppm
緑の多い桜田門	375 ppm
自動車の多い後楽園	600 ppm
現在の世界平均（2013年）	396 ppm
産業革命（1750年）以前	278 ppm

＊ppm：100万分率（全体が100万分のうちどれだけを占めるかの比率）

出典）2015年8月ACE

表１　現在の日本における CO2 濃度

我々が見ている気候変動はまだ、その一部に過ぎず、本来大気が上がるべき要素を氷床の融解と海面温度の上昇に熱量が吸収されているので、温度上昇が緩慢になって見えるのである。しかしそれでも現在の気温は過去1880年～1920年の世界平均に比べて既に（図3）0・85℃上がっている。

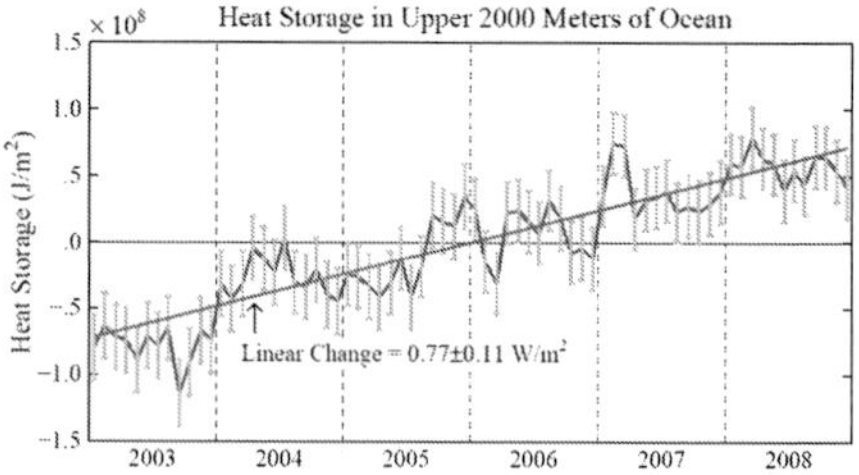

・ARGOデータによる2003-2008年表層２ kmの蓄熱量。
・長くなったARGOデータにより，地球のエネルギーのアンバランスの知識は急速に進歩している。
・データはEl NinoとLa Nina そして太陽の変動性のゆえに10年にわたって平均化されなければならない。
・エネルギーのアンバランスは人為起源の温室効果ガス増加の効果にとって煙っている銃である。

Data source: von Schuckmann*et al*. *J. Geophys. Res*. **114**, C09007, 2009, doi:10.1029/2008JC005237.
Source : James Hansen, Blue Planet Lecture

図２　表層 2km の海水への蓄積量

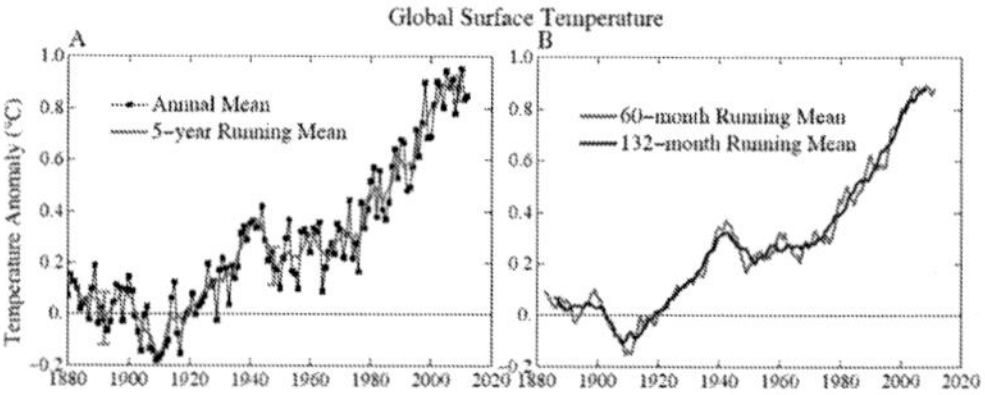

Source : Dangerous Climate Change
・1880～1920年平均に対する世界気温
B shows the 5 and 11 year means. Figures are updates of [16] using data through August 2013.
doi:10.1371/journal.pone.0081648.g003

図３　世界の表面温度

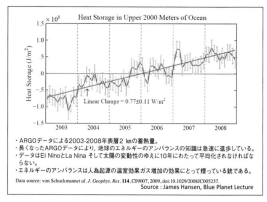

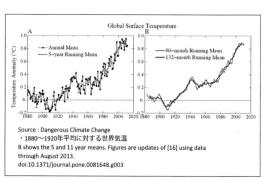

今までの自然界におけるCO_2濃度の上昇は１００万年に１００ｐｐｍ（０・０００１ｐｐｍ／年）程度であったそうであるが、人為起源によるCO_2濃度の上昇は２ｐｐｍ／年になっており人類はここ１５０年で過去の数百万年前をはるかに上回る温室効果ガスを出している。人間の起こしているCO_2濃度の変化は自然の地質学的変化の

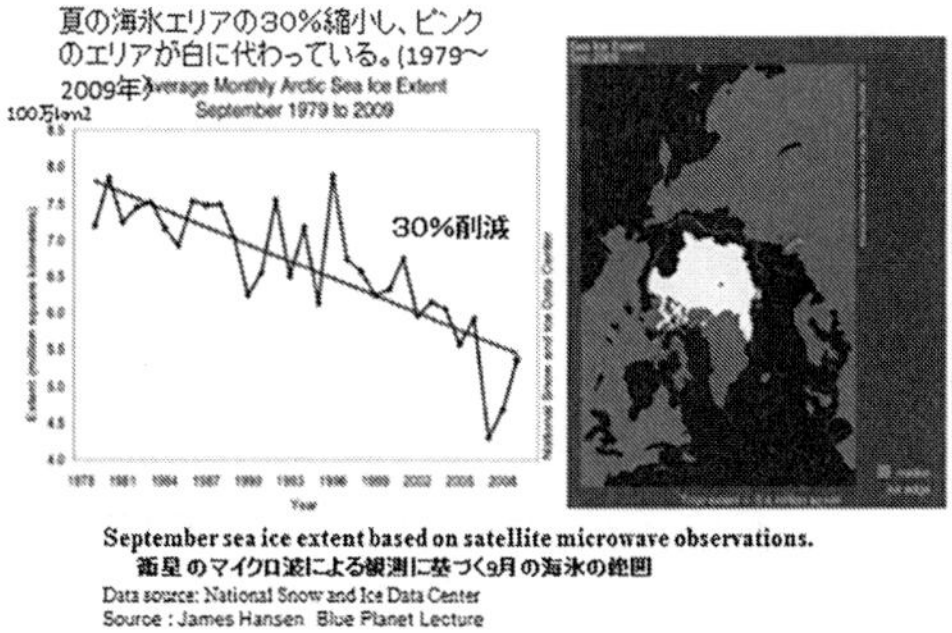

図４　夏の北極の海氷エリアの縮小

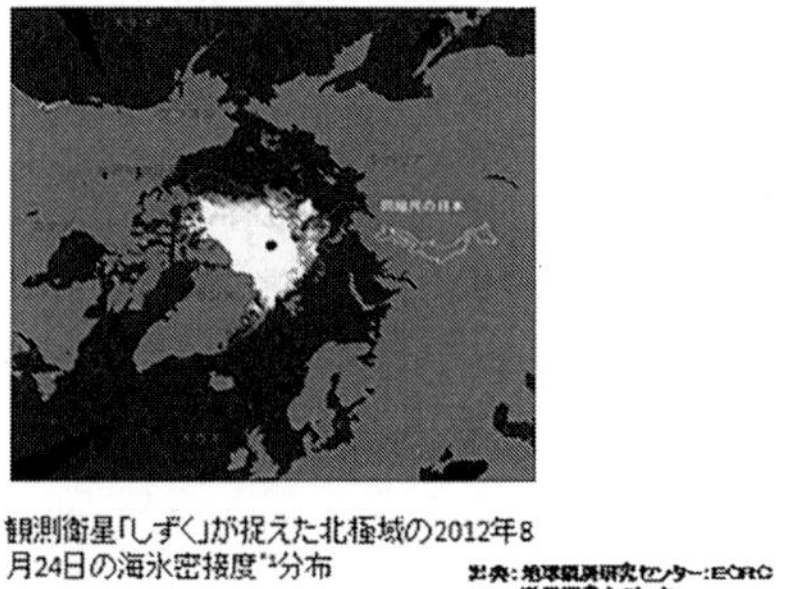

図４―２　２０１２年夏の北極の海氷エリア

約2万倍の速さになっている。

温暖化に伴う地球表面の変化は、海氷を見ると夏（9月）の北極の海氷エリアは1979年から2009年の間に約30%も削減している（図4）。その後2012年に観測史上の

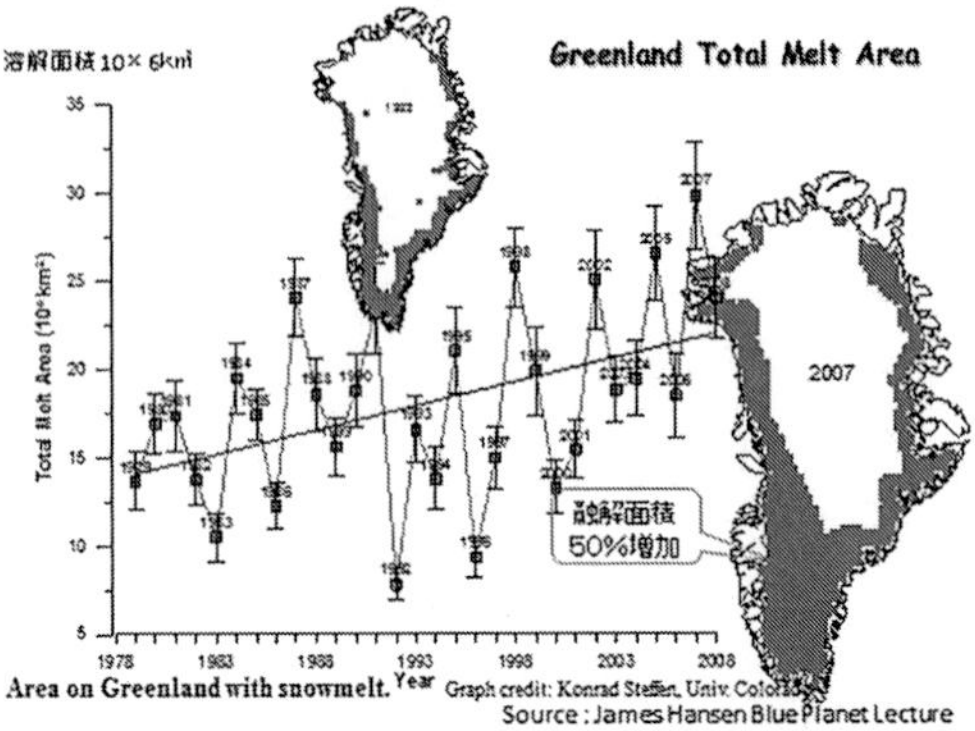

図５　グリーンランドの氷の融解

図６　グリーンランドの表層氷の融解

最少面積（４００万㎢を下回る）を記録した（図４—２）。２０１３年、２０１４年とほぼ同様だが、やや回復している。

グリーンランドの氷の融解では２００７年は１９９２年に比して約50％も融解面積が増加している（図５）。

そして、グリーンランドの表層の氷が融けて滝になり、融けた水が縦シャフトから氷床

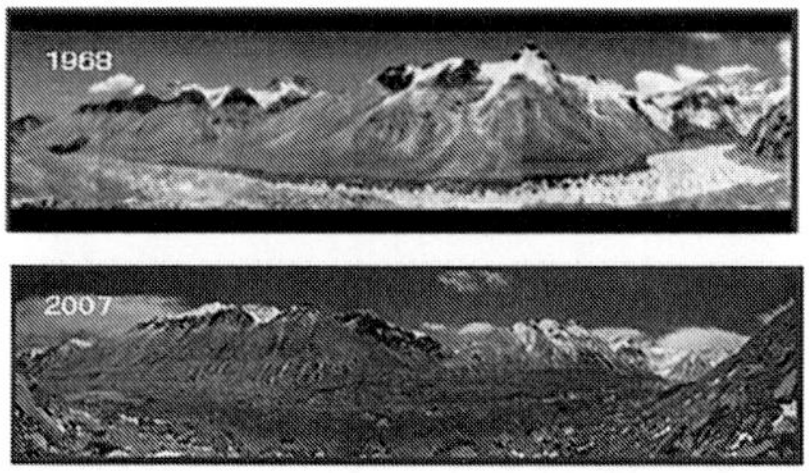

Rongbukはエベレストの北斜面にある最大の氷河である。1968年(上)と2007年の写真。
ロッキー、アンデス、ヒマラヤにおいて、氷河は世界中で急速に後退している。
氷河は乾期に新鮮な水を供給し、春先の洪水を減らしている。
Source : James Hansen Blue Planet Lecture

図７　ヒマラヤ氷河の後退

出典：2014年8月4日付　イタルータス

図８　山火事

の底に流れ込んでいる（図6）。

ヒマラヤの氷河は１９６８年と２００７年では氷が融けて急速に後退している。乾期にも川には融解した水があふれ、春の洪水を減らしている（図7）。

また、乾燥からくる山火事も多発しており、２０１４年、カリフォルニアでは５００年に一度の干ばつと言われ、１日数十件の火災の発生があり、２０１４年8月15日までに５、６８７件計９３０㎢が焼けている。それは、東京23区の1・5倍に相当する面積であるという。２０１４年7月11日の山火事では火の封じ込めに15日間かかり、最大時には消防士２３００人が消火活動に当たっている（図8）。

身近な日本を中心に２０１３年における異常気象を列挙すると、1月の北日本での記録的な豪雪、青森で５６６ｃｍの積雪から始まり、エジプトの首都カイロでも１００年ぶりの降雪があった（表2）。

異常な高温については3月と7～8月に高知県四万十市にて過去最高の高温41℃を記録した。大雨に関しては1～3月、5～6月に欧州で異常な多雨、6月はインド、7～8月

第2表　2013年の異常気象

豪　雪	1月　北日本で記録的豪雪（青森積雪：566 cm）
	12月　エジプトの首都カイロで降雪（100年ぶり）
	12月　北日本，日本海側で大雪
異常高温	3月，7～8月　高知県四万十市で過去最高の41.0 ℃
	8月　上海で最高気温が40.8 ℃（140年間で初めて）
大　雨	1～3月，5～6月　欧州で異常な多雨
	6月　インドにて記録的な大雨
	7～8月　秋田，岩手，山口，島根で大雨（観測史上初めて）
	9月　米国コロラド州で記録的な豪雨（100年に一度）
竜　巻	9月　埼玉と千葉で強い竜巻発生
台　風	10月　台風26号により伊豆大島に大雨，大規模な地すべりで36人死亡，3人行方不明
	11月　フィリピン，スーパー台風30号（ハイアン）で死者6千人

表２　2013年の異常気象

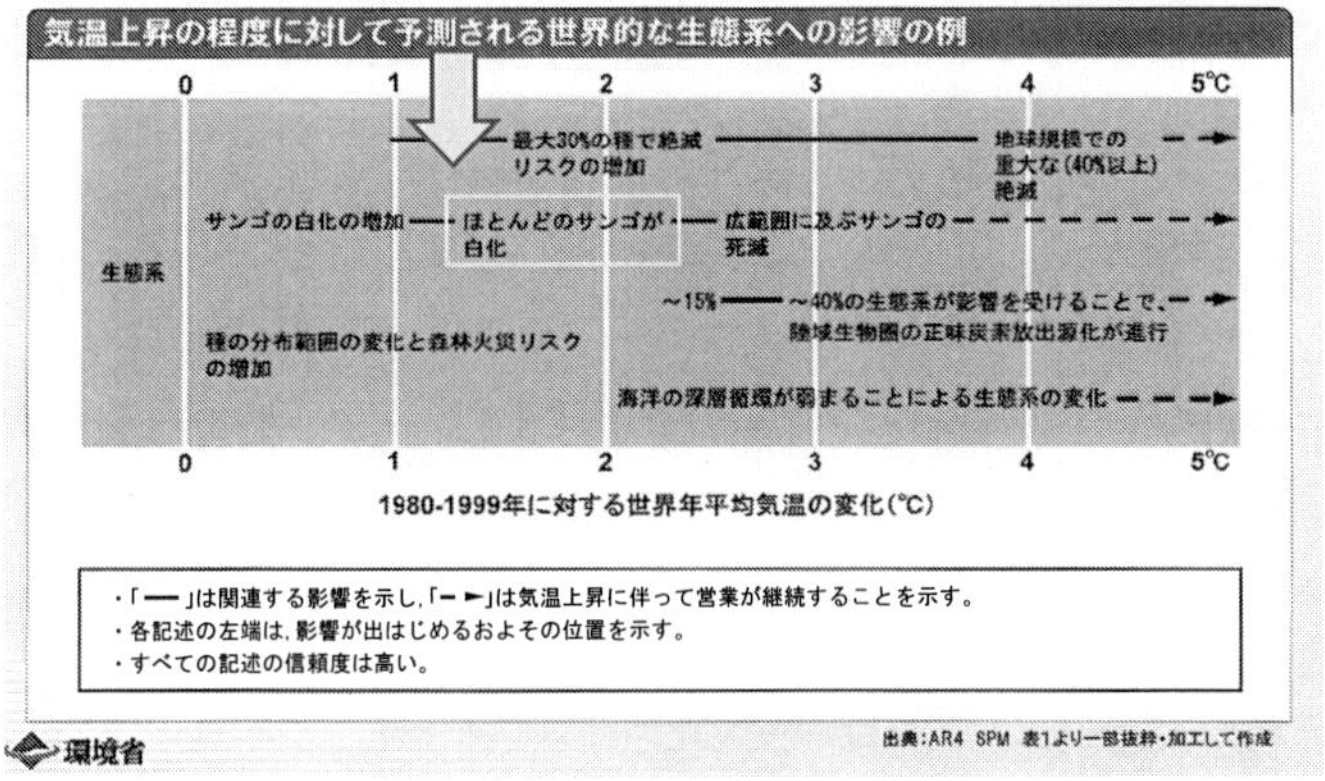

1980～1999年を基準として，気温上昇1.5～2 ℃の温度上昇でほとんどのサンゴが白化する。

環境省資料抜粋（IPCC第４次評価報告書）

表３　気温上昇の程度と生態系への影響規模

図９　サンゴの白化

〈出典:プラス地球温暖化　http://www.plus-ondanka.net/a04_sango.html〉

は秋田、岩手でも大雨、山口、島根でも1時間に138ミリの雨で気象庁は「これまで経験したことのない大雨」と記者会見した。米国コロラド州で100年に一度の豪雨があり、埼玉と千葉では竜巻も発生した。台風では10月に台風26号により伊豆大島に大雨による大規模な地すべりをおこし、大勢の死者が出た。11月にはフィリピンにスーパー台風30号（ハイアン）により6千人の死者を出した。日本はもとより世界において100年に一度というような異常気象が表れている。これらは気候変動によるもので「従来の災害とは異なり100年に一度」というような規模のものとなっている。

海水の温暖化に伴い台風がそれの蒸気を巻き上げて多量の雨と激しい風、気圧の変化が起きている。また、その前線が停滞することにより大雨が続くという事態になっている。冬は大雪となり夏は大雨となっている。

また、海の温暖化と酸化によりサンゴ礁の死滅も起こっている。表3に見るように1980～1999年を基準として気温上昇1・5度～2度の温度上昇でほとんどのサンゴが白化する（図9）。

サンゴ礁は海の熱帯雨林とも言われ、全海洋生物の4分の1が生息するという。白化の原因は海水の温度上昇と二酸化炭素による酸性化がサンゴへ強いストレスを与えるからである。温暖化がサンゴと共生する藻を駆逐《くちく》し、サンゴの白化と死滅を生じさせている。海洋は二酸化炭素を取り込んで酸性化が起こっており、炭酸化塩の貝殻や骨格を持つ生物が海水の酸性化が強まれば強まるほど炭酸塩を分解して骨格の形成が出来なくなっている。

ジェームズ・ハンセン氏はまた、次のような理由により、二酸化炭素の目標値は350ppm以下にすべきであると言われている。

・グリーンランドと南極の氷床の消滅や生物種の絶滅を起こす。

・氷床の崩壊などがティッピングポイント（限界値のことであり、閾値《いきち》である）を越すと環境へのコントロールが効かなくなる。

・生物種は相互に依存しており、ある種の絶滅がおこると連鎖的に全生態系の崩壊につながる。

「生物多様性」という言葉を作られたジョージ・メイソン大学環境科学・政策専攻教授であるトーマス・E・ラブジョイ博士（平成24年度ブループラネット賞受賞者）も大気温度上昇2℃／CO2濃度450ppmというIPCCの目標値は実は高すぎるとして、サンゴの死滅が起こり、生態系のためにも1・5℃／CO2濃度350ppm以下に保つべきであるとされている。

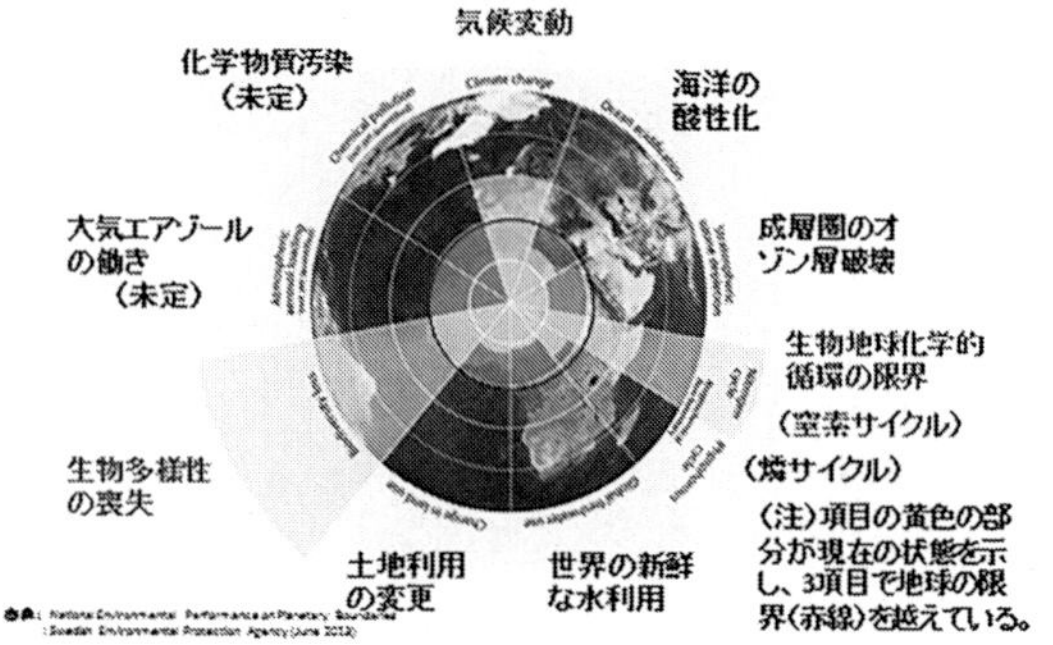

図 10 プラネタリーバウンダリーズ（惑星の限界）

項目	内容	限界	直近の計測値
気候変動	大気のCO2濃度（大気上昇2℃以下） 地表のエネルギーバランス	＜350 ppm ＜＋1W/㎡	393.81 ppm +1.87W/㎡
海洋の酸性化	表面水の酸性化（アラゴナイトの飽和度：工業化前3.44の80％以上）	≧2.75	2.90
オゾン層破壊	オゾン層の厚さ(ドブソン単位) (工業化前290の5％の減少以下)	＞276 DU	283 DU
窒素サイクル	人使用の窒素量(百万トン/年)	＜35 Mt/Y	121 Mt/Y
燐サイクル	海洋流入の燐量(百万トン/年)	＜11 Mt	8.5-9.5 Mt
新鮮な水利用	人利用の新鮮水の量(km3/年)	＜4,000 km3/Y	2,600 km3/Y
土地利用変更	地表の耕作地の割合	≦15％（凍土除く）	11.7％
生物多様性喪失	生物種の絶滅(種/百万種・年)	＜ 10 E/MS・Y	>100 E/MS・Y
大気エアゾール	大気のエアゾール集中割合	未定	未定
化学物質汚染	例えばプラスチック、農薬などの排出量、集中割合等	未定	未定

注）ドブソン単位(Dobson Units)：大気中のオゾン量を表す単位。計測地点の地上から上空までのオゾンを集積して、0℃1気圧に換算して表され、オゾン1cm厚が1atmcm、これの1/1000のm atmcm（ミリアトムセンチメートル）をドブソン単位という。

出典；Planetary Boundaries : Rockström et al. (2009ab)
National Environmental Performance on Planetary Boundaries
: Swedish Environmental Protection Agency (June 2013)

表５　各項目の限界値

3　すでに地球は非常事態

ストックホルム・レジリアンスセンターの著者Johan Rockström氏ら29名によるプラ

ネタリーバウンダリーズの報告（*Planetary Boundaries: Exploring the Safe Operating Space for Humanity.* Ecology and Society 2009）によれば、プラネタリーバウンダリーズとは、地球への人為起源による影響がこれ以上見逃せないスケールに達し、人間が安全に取り扱える地球の限界を明らかにしたもので、地球に影響を与えているリスクを9項目に分け、科学的分析を行っている。

9項目は気候変動、海洋の酸性化、成層圏のオゾン層破壊、生物地球化学的循環（注2）の限界（窒素サイクル、燐サイクル）、世界の新鮮な水利用、土地利用の変更、生物多様性の喪失、大気エアゾールの働き、化学物質汚染であり、分析によれば、気候変動、窒素サイクル、生物多様性の喪失の3つの項目が既に惑星（地球）としての容量をオーバーしている。

気候変動における内容では、大気の限界は温度上昇が2℃以下で、CO2濃度は350ppm以下であるが、現在393・81ppmとオーバーしている。また地表におけるエネルギーバランスでは限界が＋1W／㎡以下であるが現在の計測値は＋1・87W／㎡とオーバーしている（エネルギーバランスについては後述する）。

窒素サイクルは、人使用の窒素量の限界は35百万トン／年に対して現状は121百万トン／年と3倍近くオーバーしている。

中でも生物多様性については生物種の絶滅は10種類／100万種・年以下が地球の限界であるにもかかわらず、100種以上／100万種・年の生物種の絶滅が起こっているとしており、いずれも地球の限界値を超えている。


ジェームズ・ハンセン氏は言う。地球は今既に非常事態にある。気温の上昇に対して温まらないが温まると冷えにくい大きな慣性力を持つ4キロメートルの海洋と厚さ2～3キロメートルの巨大な氷床に熱が吸収されるため温室効果ガスの増加に対して気温はゆっくりと応答している。しかし、気候の変換点であるティッピングポイント（閾値《いきち》：限界点）を超えると人間の制御が全く利かない急激な変化が起こる。

世界の深海温度が図11に表わされているが5000万年前は地球の温度は非常に高かった。

アラスカにはワニが住み、北極は熱帯のようだった。氷床もなく、CO2濃度は1000ppmで海抜は75mも高かった。過去5000万年に渡って冷え続け、約3400万年前、CO2濃度が450ppmまで減少した時、南極大陸の氷床が出来始めた。そしてなお地球は冷却されているにもかかわらず、地球は温室効果ガスの影響により温暖化されている。このことから温暖化ガスの影響でＣＯ２濃度が４５０ｐｐｍを超えると氷床が無くなると推測される。氷床が無くなれば急速な海面上昇が起きるはずであると。

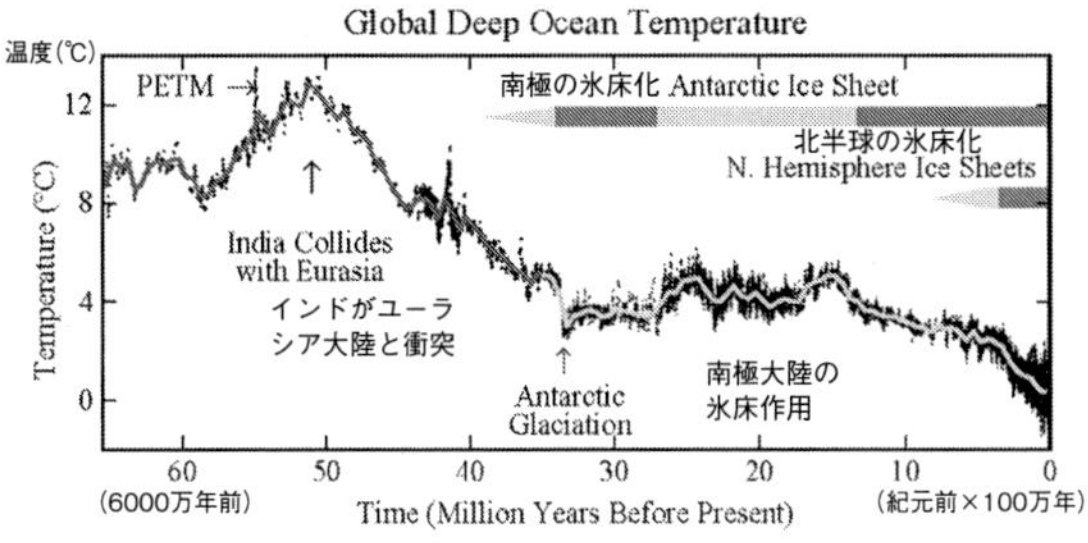

・5000万年前は気温が高く，アラスカにはワニが住み，北極は熱帯で氷もなかった。
・CO_2濃度は1 000 ppm，海抜は75 mも高い(5000万年前)。
・プレートの地殻変動によるCO_2のアンバランスは～0.0001 ppm/年

Source : James Hansen, Blue Planet Lecture, 27October 2010

図 11　世界の深海温度

4　地球温暖化の原因

地球温暖化はなぜ起こるのか？　地球温暖化の基本的な原理を示すと図12にあるように地球への入力エネルギーと出力エネルギーの差が温暖化の原因である。

太陽は地球へ光のエネルギーを放射している。地球に達する太陽エネルギー（342W／㎡）の約3分の1が宇宙空間へ直接反射される（107W／㎡）。残りの3分の2は、地球表面に吸収され（168W／㎡）、またわずかながら大気にも吸収される。吸収された入射エネルギーと平衡するため、地球は、同じ量のエネルギー（235W／㎡）を宇宙空間へ放射している。

陸や海から射出される熱放射の多くが、雲を含む大気に吸収され、地球へと放射し返される。これが、温室効果を起こしている。

このような中でハンセンさんは地球エネルギーのアンバランス（放射強制力）（注3）が約＋1・5W／㎡起こっており、これが地球を暖める力となり温暖化の原因となっているため、これを解消する必要があると述べられている（図13）。これは、地球上に1㎡当たりに隈なく1・5Wの電球を点けているのと同じ原理である。一方、地球のエネルギーバランスが反対にマイナスであれば寒冷化に向かうのである。

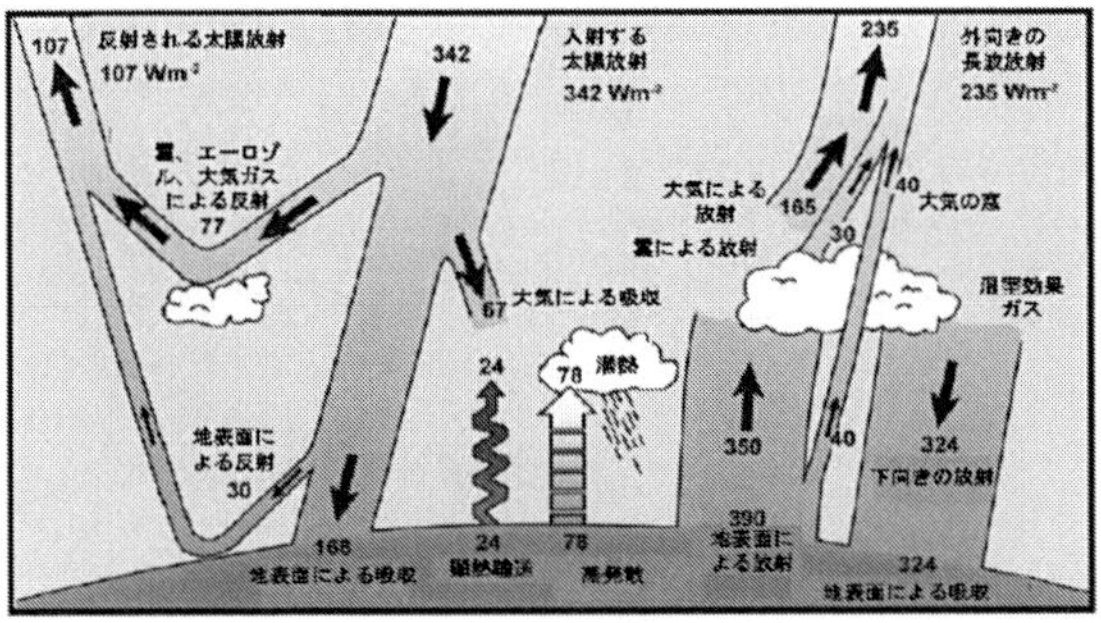

年平均した地球全体のエネルギー収支の見積り。長期的には，入射した太陽放射のうち地球と大気によって吸収された分は，地球と大気から放射される同じ量の外向きの長波放射と釣り合う。入射する太陽放射のおよそ半分は地表面で吸収される。このエネルギーは，地面に接する大気の加熱（顕熱輸送），蒸発散過程，雲と温室効果気体に吸収される長波放射などによって，大気へと輸送される。一方，大気は宇宙空間だけでなく地球へも長波放射を放射して返す。

出典）Kiehl and Trenberth（1977）IPCC第４次報告書

図 12 地球のエネルギー収支

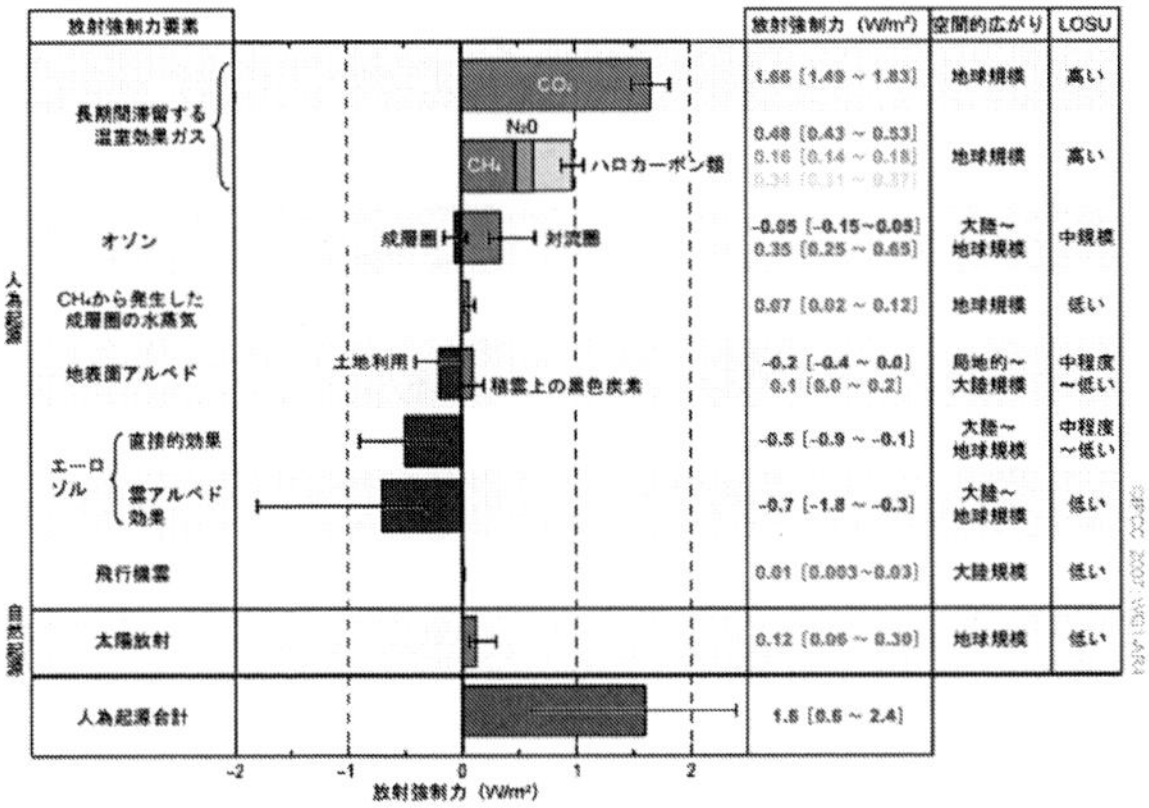

右欄のLOSU（Level of Scientific Understanding）は科学的理解の水準であり，科学的信頼性を示す。火山エアロゾルは影響が一時的であるため，この図には含まれていない。

出典）IPCC，2007，日本の気候変動とその影響

図 13　放射強制力の 2005 年の世界平均

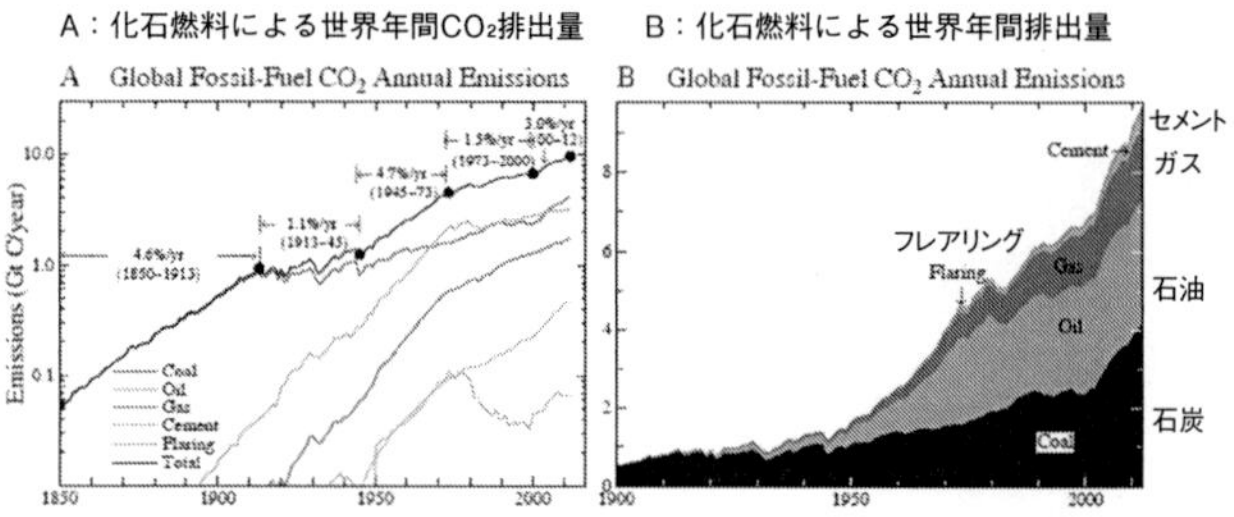

Source：Dangerous Climate Change
化石燃料とセメント工場からの年間CO_2排出量
based on data of British Petroleum［4］concatenated
with data of Boden et al.［5］.（A）is log scale and（B）is linear.
doi:10.1371/journal.pone.0081648.g001

図 14　世界の化石燃料による CO2 排出量

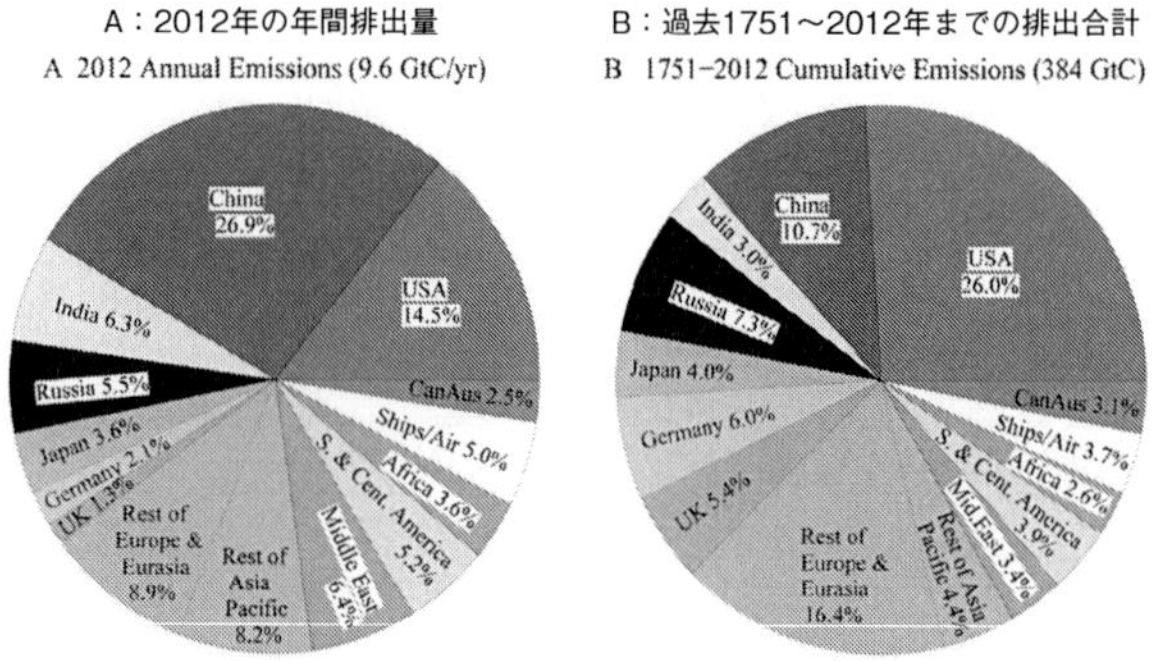

Source : Dangerous Climate Change,
Results are an update of Fig.10 of［190］using data from［5］.
doi：10.1371/journal.pone.0081648.g011

図 15　世界の CO2 排出量

温暖化の原因となっているＣＯ２の排出量に目を向けると、過去におけるＣＯ２排出量の推移と二酸化炭素排出量の割合を図14に示す。

２０００～２０１２年もなお、年３％の割合でＣＯ２排出量が増えている。現在の二酸化炭素の排出量の約半分が石炭であり石油とガスがそれに続いている。排出量を削減するにはまず石炭を止めることで半分の排出量が減る。

現在までの各国におけるＣＯ２排出量を図15に示す。

過去２０１２年までの排出量は米国が一番多く、中国、ロシア、ドイツ、英国、日本と続く。２０１２年における年間排出量は中国、米国、インド、ロシアと続いている。今や中国が米国を抜いて排出量は第1位である。しかし、国民１人あたりの排出量を図16に示すが、１人当たりの排出量は２０１２年の年間排出量ではオーストラリア、米国、カナダ、ロシアと続き、まだ中国は少ない。２０１２年までの過去の排出量の合計では英国、米国、ドイツ、カナダと続くように欧米の排出量が飛びぬけて多い。

5　気温上昇１℃と２℃の重大な差

気温上昇１℃と２℃の場合の問題点を取り上げる。ハンセン氏らは人為起源の大気の温

A：2012年１人当り年間排出量
（t-CO_2）

B：1751～2012年１人当り累積排出量
（t-CO_2）

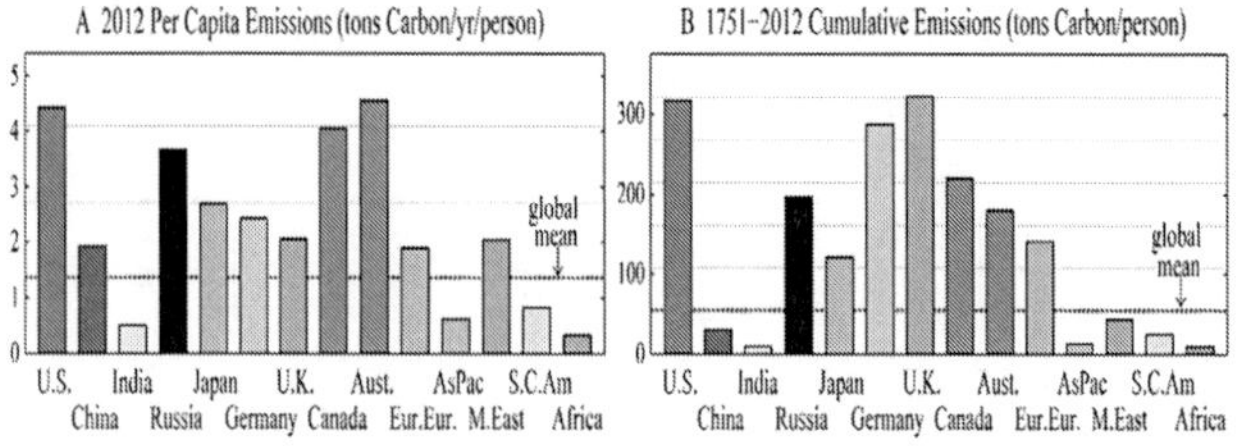

Source : Dangerous Climate Change
水平線（破線）は世界平均と世界平均の混合
doi：10.1371/journal.pone.0081648.g012

（図 16　国別一人当たり累積 CO2 排出量）

度上昇が１℃以下に保たれるべきであると結論付けられた。

ハンセン氏らの言葉によれば、大気温度の上昇が１℃の場合のＣＯ２の濃度の蓄積の限界は５００ＧｔＣ（注４）であり、温度上昇が２℃となる場合は１０００ＧｔＣになる。

もし、温暖化を１℃以内に抑えるとして、工業化前からの化石燃料による排出量が５００ＧｔＣ以内に抑えられるためには、生物圏、土壌等に１００ＧｔＣが吸収されるとして、大気の二酸化炭素を２１００年までに３５０ｐｐｍ以下に削減するべきである。

対照的に、温暖化が２００９年のＵＮＦＣＣＣ（注５）のコペンハーゲンの第15回締約国会議に確認された２℃の上昇は大災害をもたらすだろうと結論付けた。例えば、地球の歴史は2℃の地球温暖化をすれば海面が6m上がる結果になることを示している。それ以上に、そんな温暖化レベルがゆっくりと増幅し、影響を与えると注意する。そして、これらは氷床エリアの削減、アジアと北アメリカのまばらに植わっている森林の成長を含めて生物圏の変更を意味する。そして、ニトロオキシドとメタンのような大気中のガスの増大をもたらす。これらのゆっくりとした他に及ぼす影響は気候が過去1万年前までの完新世期（注6）の範囲内にある間は小さいが、温暖化が2℃かそれ以上になったら顕著に現れてくる。

世界の累積の化石燃料によるCO2の排出量の累積は2012年までに370GtCであり、毎年約10GtC増加している。単純計算をするとこのまま進めば13年で500GtCに達する。1℃の温暖化を保つための限度の排出量である500GtCを保つには、年6％削減をしなければならない。もし削減が1995年に始まっていれば、削減は年に2・1％、2005年に始まっていれば、年に3・5％の削減で大丈夫だった。もし、排出量が2020年までこのままで成長し続けるようだと、限度の500GtC以内に保つには年に15％の削減が必要である。そして、いかに初期の排出量削減が大切であるかを示している。

今の世界にある火力発電所などのインフラを考えると、実質的に温暖化を1℃以下に保つための500GtCの限度を超えるのではないか？

しかし、温暖化を1℃以下に近づける必要性は2℃の温暖化から生ずる気候の及ぼす影響が大きいのではっきりする。

海面上昇のタイミングを予想することは難しいため、もし2℃と同じくらい高いレベルに温暖化したとしても海面上昇がすぐには起こらないかもしれない。しかし、2℃上昇の状況は人間のコントロール範囲を越えている。大気のCO_2の排出量が削減されても海洋を冷やすためには何世紀もかかるだろう。そして、CO_2が削減され始めたとしても大気の上昇慣性により3℃とか2℃以上になってしまうため、その影響がどのようになるのか分からないといわれている。

6 厳しいシミュレーション結果

削減のシミュレーションによれば、2013年より6％／年及び2％／年のCO_2削減を始めた場合のCO_2濃度のシナリオとそれより遅れて削減を始めた場合2020年

A：2013年から排出削減　　B：遅れた場合

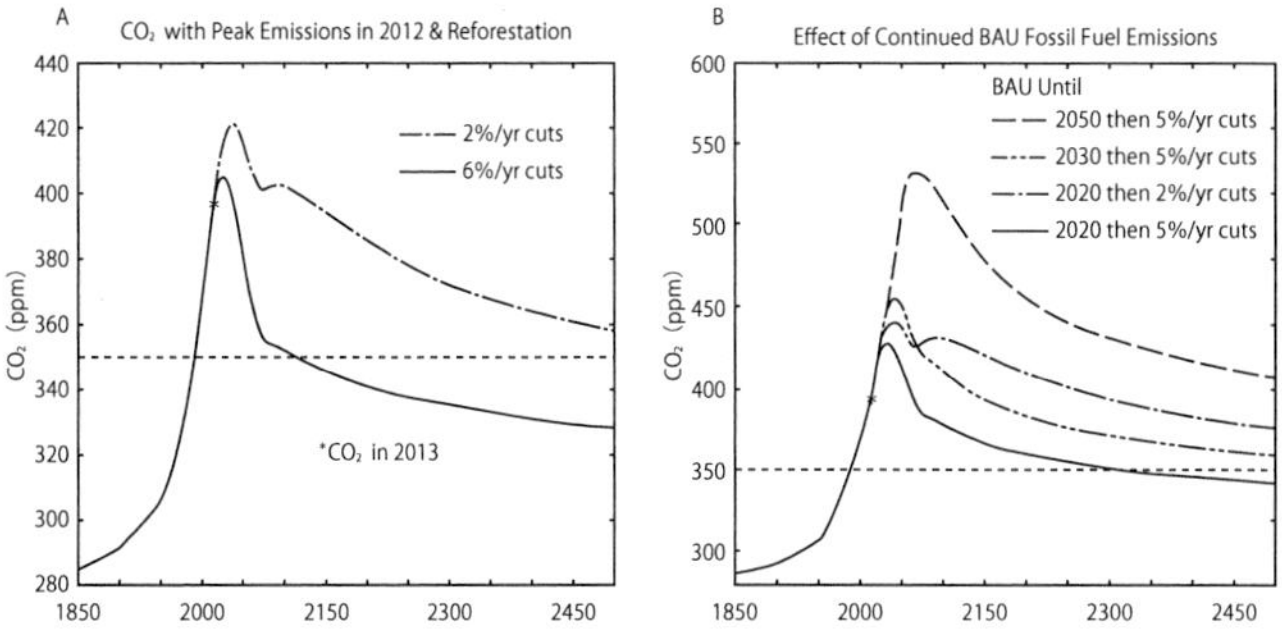

Source：Dangerous Climate Change,
化石燃料の削減された場合の大気中のCO_2濃度
(A) 2013年から年6% か2%削減した場合
(2031～2080年に100 GtCは森林に復活されるとして)
(B) 排出量の削減が遅れた場合
doi：10.1371/journal.pone.0081648.g005

図 17　CO2 排出量削減シナリオ

A：2013年から排出削減　　B：遅れた場合

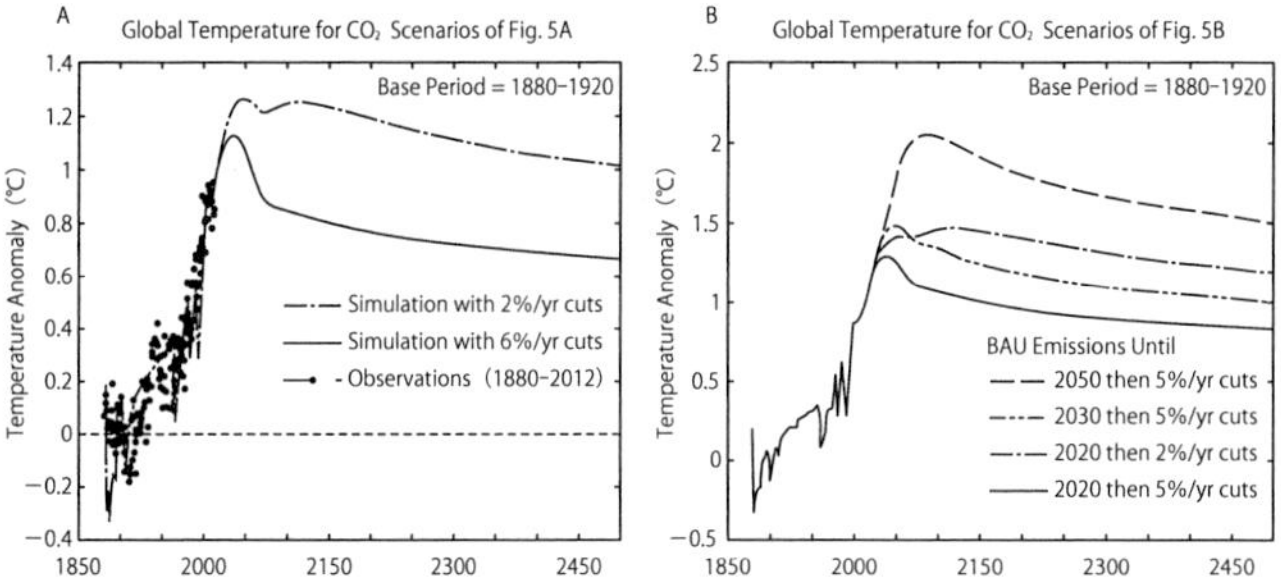

Source：Dangerous Climate Change,
第6図のCO_2シナリオでの世界気温（1880～1920年を平均に対する）の削減シミュレーション
doi：10.1371/journal.pone.0081648.g009

図 18 世界の気温と CO2 排出量削減シナリオ

に5%/年と2%/年の削減を行った場合また2030年と2050年に5%/年の削減を始めた場合のシナリオを図17に示す。

2013年から6%/年の CO_2 濃度を削減した場合は2100年頃には350ppmに下がり、2020年に始めて5%/年で削減した場合は2300年くらいには350ppm以下となるが、その他のシミュレーションで350ppm以下にするのは難しい。

同じく2013年から削減を始めた場合と遅れて始めた場合の大気温度の上昇シミュレーションを図18に示す。

2013年から6%/年の削減を始めれば最大が1・1℃になって1℃以下に抑えられる。同様に2020年から5%/年の削減では2150年頃に1℃以下になるが、その他のシミュレーションでは1℃以下にはならないのがわかる。従ってこれらからも2100年までに気温上昇1℃以下、CO_2 濃度350ppm以下に抑えるには2013年から6%の削減が必要であるのが分かる。

削減実施シナリオとしてはまだまだ余裕のあるエネルギー使用に対して最大限の節電、おおざっぱに言って30~50%の消費エネルギーの削減を行い、石炭の使用を止める。石油、

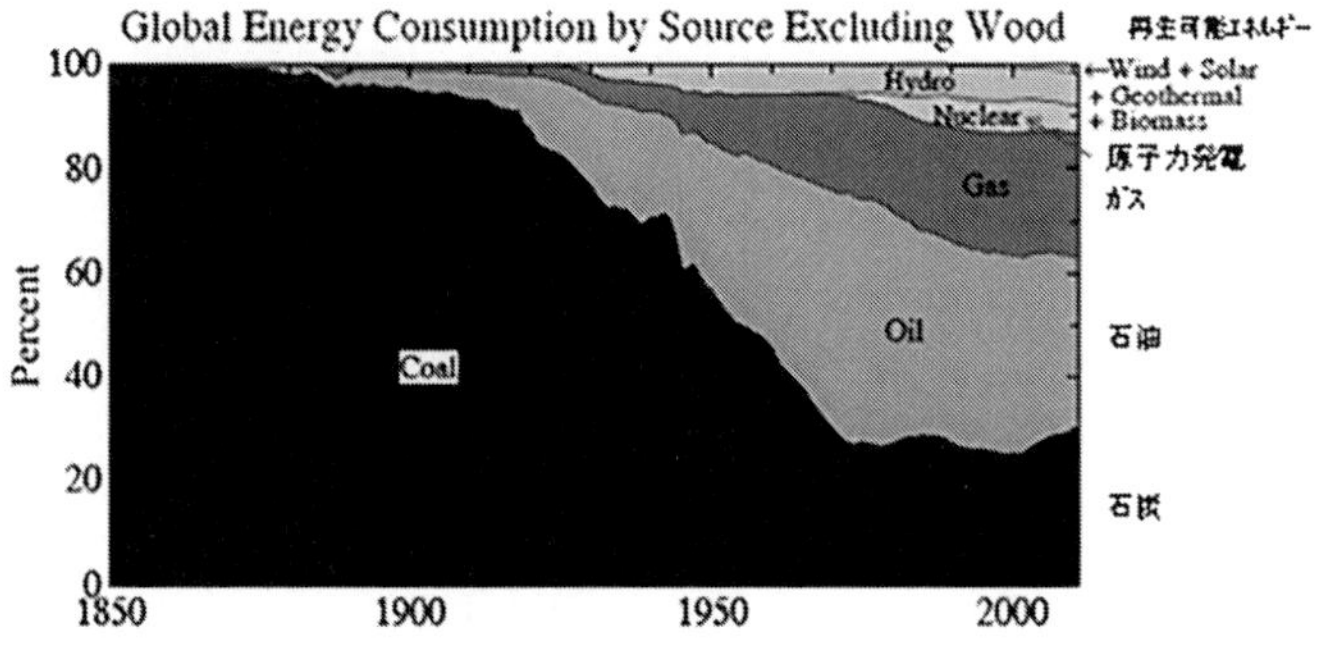

Source Dangerous Climate Change
doi:10.1371/journal.pone.0081648.g014

図 19　世界のエネルギー種別ごとの消費割合（木材含まず）

ガスを削減し、再生可能エネルギー他炭素を発生しないエネルギー源を大幅に増加させることが大切になる。

燃料コストに関するハンセン氏からの提言は、燃料コストについて化石燃料は最も安価なエネルギーなのでその使用は増え続けている。化石燃料のコストが最も安いのは人体、環境、若者の将来に及ぼす影響等への社会的対価を払っていないからで、炭素にもっと高い値段をつける。鉱山で採掘したり、輸入したりする化石燃料会社に国内で課税しコストを高くする必要があると言われている。

7　我々はどうすればいいのか？

これらの地球環境問題は相互に影響している（図20）。エネルギー問題では石油、石炭などの化石燃料の使用によりCO_2濃度が増大し、地球の温暖化を起こし、地球温暖化により、極度の干ばつや豪雨などの気候の異変が起きている。水不足からの紛争、土壌侵食なども起こっている。温暖化や農薬による環境汚染から生物種の絶滅が増え、種の喪失スピードが速くなっている。また、生物の生息域の移動なども起きている。人口増加から生ずる食料不足や魚の乱獲による自然資産の喪失。水不足から生ずる紛争や戦争、テロによる難民の増大や貧困の拡大が起こっている。気候変動の原因と生ずる問題とその解決方法を図21に示すが、気候変動問題には様々な要因があり、その解決策も多様である。

しかし、産業革命以前からの温度上昇が2℃では危険であり、安全な1℃以下、CO_2濃度350ppm以下に抑えるために、最大限のCO_2の削減（6％／年）を今すぐ始めなければならない。個人が理解して取り組むべき問題であり、企業としても国家としても対処すべき問題である。一歩遅れればそれだけ災害が多くなり海面上昇が起こるのは間違いない。それもティッピングポイントを超えると人間のコントロールが効かなくなり、そ

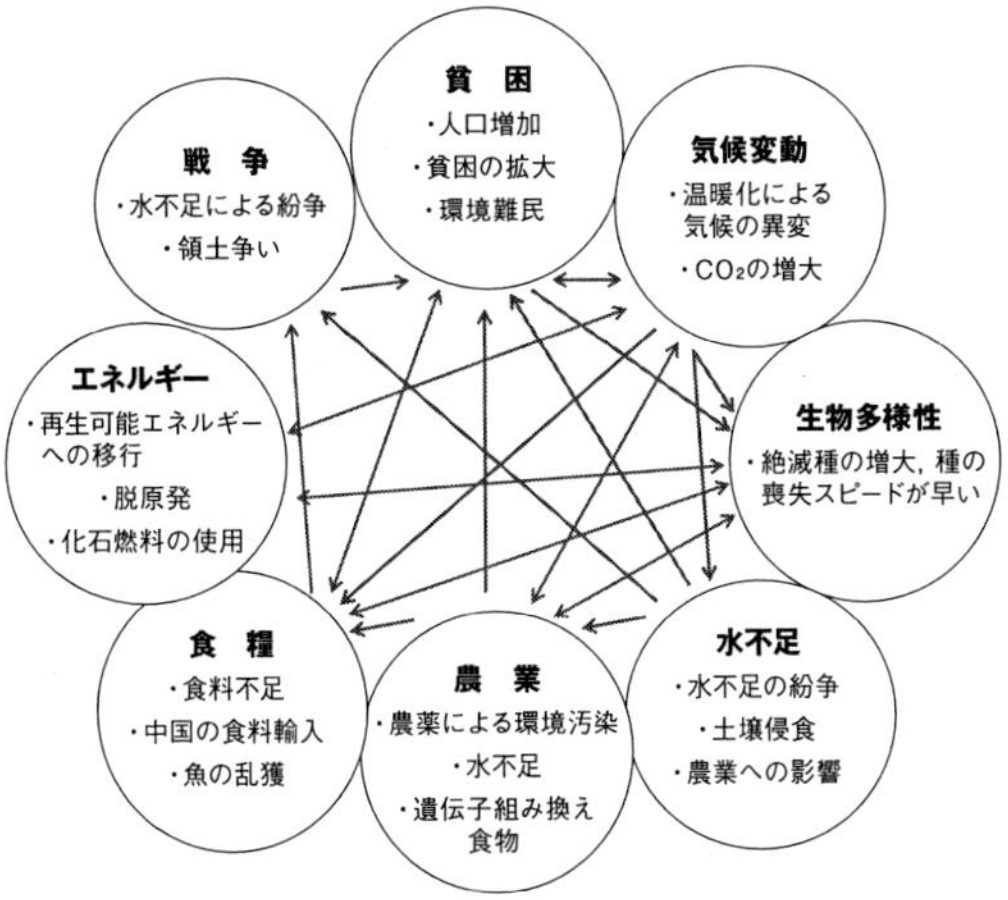

図 20　地球環境問題の相互影響

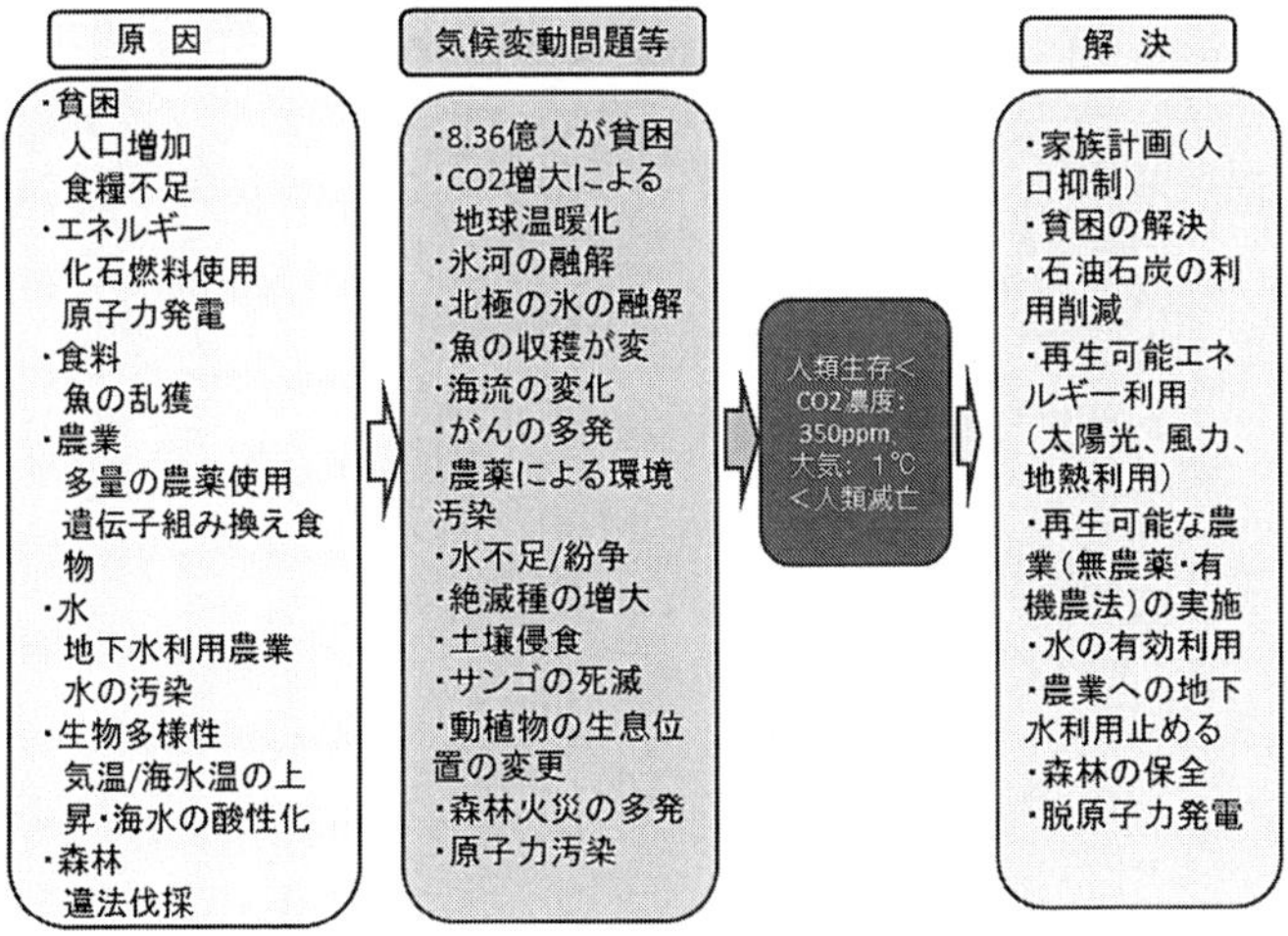

図 21　気候変動とその解決

の脅威は計り知れないものになる。単に二酸化炭素を削減するだけでなく、二酸化炭素の削減を生命の存続を守るための行為であると位置づけることである。

まず無駄なＣＯ２削減に取り組むことである。物理的な削減手法だけでなくＣＯ２増加がいかに人々を追いやり、危険な状態になっているかを理解し、心から自然に順応する。屋外に置かれた自販機の群れ、便利さと利益追求のつけが表面化していると思われる。また､電車などでも遅くまでのサービスがＣＯ２発生の原因であるとしたら適切な時間帯に終わりＣＯ２を下げてゆくバランスのとれた社会の構築が望まれる。日本ではＣＯ２削減の必要性が分かれば、まだまだ30～40％の無駄なエネルギーの削減は出来ると思われる。

そして、こころの環境革命が必要なのではないだろうか?

環境革命、すなわち、一人ひとりのこころを環境に目覚めさせる意識革命である。我々一人ひとりの環境に対する意識が変われば、周りが変わり、周りが変わると、世界が変わる。人類、動物はもとより植物、鉱物にも生命と意思があり、我々人間は生命体の繋がりを大切にしていきてゆく。

「我唯足《われただ》るを知る」の心、精神的に豊かな心で現状に満足して生きる。この考えが唯一、気候変動問題における解決の中心にあるのではなかろうか。物質的豊かさだけの追求ではなく、精神的な豊かさの追求による足るを知る心が大切なのではないだろうか。物質的豊かさの追求はやがて精神的な貧困を生み出す。利益追求、自己欲望の追求、自国家の利益追求、自国家だけの繁栄、人類だけの繁栄を望むのではなく、多くの生命体、生物多様性を保っていくことが、人間の生命の存続に繋がっていることを理解し、それを守っていく。

根源的な命とでもいうべき生命体としての原則に帰る必要がある。自然を守り、魂、心、水、食、自然、地球、宇宙の関係を考える。人間も水から出来ている生命体として自然の一部であり水である。土から生まれて土に返る生命体としての生き方を取り戻し、こころを変え人々の心を調和させていく。地球という宇宙船地球号に住む私達は、自然、動物や植物と私たちは同じ生命体として、生命体のつながりを大切にし、自然を畏敬し、尊重して生きてゆくことが大切なのではないだろうか。

どうすればいいのか

1	今すぐCO_2を削減（温度上昇１℃以下）
2	自然への畏敬と自然尊重
3	足るを知る心で生きる
4	自然と人間の共生
5	生命体の原則に返る（土から生まれ土に返る）
6	人間の心を調和させる

注1　ＩＰＣＣ：Intergovernmental Panel on Climate Change　気候変動に関する政府間パネル。
注2　生物地球化学的循環：生物圏内での動植物構成物と無生物的構成物の間における窒素・炭素などの物質交換をいう。
注3　放射強制力（Radiative Forcing）：気候学における用語で、地球に出入りするエネルギーが地球の気候に対して持つ放射の大きさのこと。正の放射強制力は温暖化を起こし、負の放射強制力は寒冷化を起こす。気候強制力（Climate Forcing）とも言われる。
注4　ＧｔＣ（ギガトンカーボン）：10億トンの二酸化炭素。
注5　UNFCCC　United Nations Framework Convention on Climate Change　気候変動に関する国際連合枠組条約。
注6　完新世（Holocene）　地質年代区分のひとつで約１万年前から現在までの時代。ほぼ同じ気候が続いている。

世界平和と環境

1　世界平和の構築

環境問題を追及していくと貧困問題に至り、戦争や世界平和の問題にたどり着く。世界の平和は、環境問題を解決するためにも世界平和の構築が一層大切なものとなっている。

世界の平和はどのようにして保たれるのだろうか？

世界平和には大きな問題がいくつかあると思われるが、大きく3つの争点にまとめられる。世界の平和政策にかかわる戦争・エネルギー問題、世界の貧困と経済にかかわる問題、環境にかかわる気候変動（地球温暖化）・生物多様性の危機の問題である。（図1）

そしてこれらの争点は相互につながっており、この中でも戦争は人間社会や環境の破壊、難民の増加、貧困にも大規模な環境汚染にもつながっており、戦争をなくすことが大事な

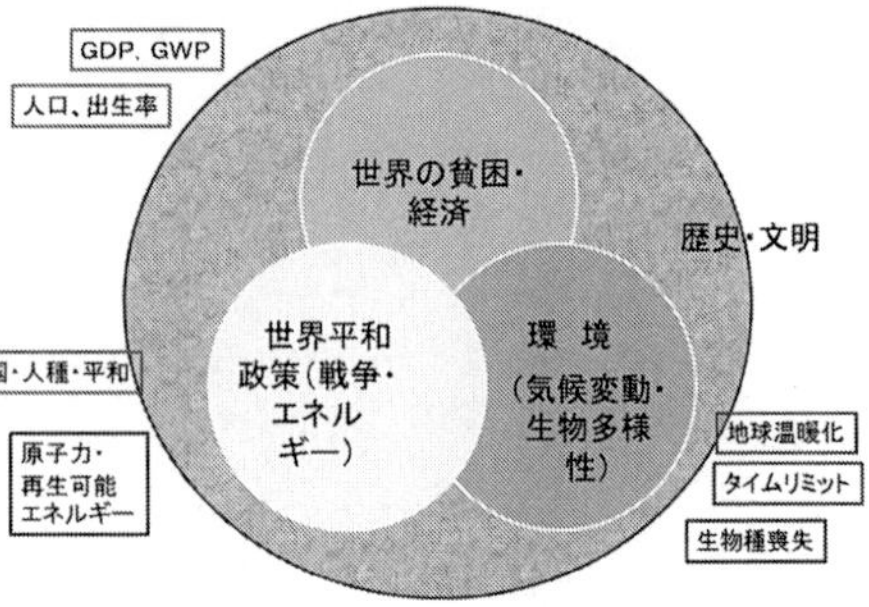

図１　世界平和構築の争点

問題であるにもかかわらず、絶えることがないのが現状である。

地球温暖化、生物多様性問題をなくすためには温暖化の原因である温暖化ガスであるCO_2削減が必要である。社会システムの変更が必要で化石燃料を利用した経済優先社会から再生可能エネルギーを利用する脱炭素社会への移行が必要であり、そして、これらの解決のための時間はあまり残されていない。

2　環境から世界平和の構築へ

環境を守るためには体で行動するだけでなく、人間としての心の調和が必要である。色々な環境問題は自然尊重の心をなくしたこと、自然循環を無視したこと、モラルの欠如からくるものではないだろうか？　自然への感謝の念を持ち、生命体として宇宙のバランスを保ってゆくこと。物質的豊かさだけでなく精神的豊かさの追求によって足るを知り、命ともいうべき生命体の原則に帰ることが、地球環境を守り、ひいては世界の平和を保つことに通じていると思う（図2）。

環境社会としては考えられることは、社会と環境のバランスが保たれている（表1）。人々の意識と環境保全のマッチした社会、環境意識の高い人が構成する社会。世界の気候変動の取り組みとマッチした行動のできる企業。企業として環境において社会的責任のとれる企業である。また、再生可能エネルギーの利用を推進していく社会であることなどである。

気候変動問題の解決には政治的リーダーシップが必要であり明確なビジョンを持ってリーダーシップをとる必要がある。日本だけでなく世界と協調した気候変動に対する対策と世界の環境問題をリードすることが必要である。

コロンビア大学地球環境研究所所長のジェフリー・サックス氏はジョン・F・ケネディ元大統領の米ソの核兵器の冷戦時代に平和への解決を図った考え方が今、環境問題に必要であると考えられている。

人々がその目標を理解できるように目標を明確化し、その共有した目標に向かって具体的な方法で解決してゆく考え方である。貧困問題や気候変動問題に即して言えば「(各国の個別の利害を超えた)地球規模の目標を明確に設定し、協調して実行すれば極端な貧困は回避できるし、気候変動はとどめられる」とされている。

ジェフリー・サックス氏の提唱されているジョン・F・ケネディ氏の手法は高い理想を掲げながらも、地に足のついた方法で具体的な成果をもたらす、夢と実行を組み合わせた手法である。

ケネディ氏は米ソの核兵器を盾にした冷戦の危機の中にいてアメリカン大学の演説の中で、ソ連のみならず米国の国民のどちらに対しても平和の呼びかけを行っている。

＜平和・貧困＞

・貧困の解消(12億人)
・水問題に取り組み紛争をなくす
(安全な飲み水の提供)
・家族計画（人口抑制）
・地球規模の目標の明確化
・世界の協調体制の確立
・国際的な考えで対処する
・脱原子力発電
・戦争をなくす
・エネルギー問題の解決
・差別をなくす

＜気候変動・生物多様性＞

・CO_2濃度の削減（350ppm以下）
・大気温度上昇1℃以下にする
・生物多様性の確保
・石油、石炭の利用削減
・再生可能エネルギー利用（太陽光、風力、地熱発電利用）
・再生可能な農業の実施（無農薬・有機農法の実施）
・水の有効利用
・農業の地下水利用止める
・貯水能力の向上による旱魃へのリスク軽減
・森林の保全

＜心の環境革命＞

・人間の心の調和(ゆったり)
・自然尊重の心
（水の汚染、酸性雨等自然尊重の心がなくなった）
・人としてモラルを取り戻す
（環境ホルモン、遺伝子組み換え作物、狂牛病、原子力汚染などのモラルの欠如）
・自然への畏敬と感謝の念
・宇宙のバランスを保つ
（生命体として地球がバランスしている）
・足るを知る。
・命、生命体の原則に帰る。
・平等、差別をしない

図２　世界平和構築への行動

1. 社会と環境のバランスが取れている
2. 人々の意識と環境保全のマッチした社会
3. 環境意識の高い人々が構成する社会
4. 世界の気候変動の取り組みにマッチした取り組み実施
5. 環境保全企業としての社会的責任と義務がある
6. 再生可能エネルギーの活用

表１　環境社会のゴール

「……だからこそ、意見の違いから目をそらさず、共通の利益に目を向け、違いを解決できる手段を探しましょう。たといいますぐ解決できなくても、少なくとも多様性を受け入れる世界にできるよう、努力しようではありませんか。つきつめれば、私たちを結びつけている、何よりも基本的な共通のつながりは、誰もがこの小さな惑星に暮らしているということなのです。誰もが同じ空気を吸って生きています。誰もが子供たちの将来を気にかけています。そして誰もが死すべき運命にあるのです」

ケネディ氏は私達は同じ惑星である地球に暮し、共に死すべき運命にあるものとして、かって相反した米ソという緊迫した対立の中で主義主張を超えて平和の大切さと解決の糸口を問うているのである。

世界の平和には、宇宙も、地球も、人間も、動植物も、そして、水、空気全てのものが繋がっていることを理解し、一人ひとりの意識革命、心の環境革命が大切なことはもちろんのこと、それを実行するための世界的な政治的リーダーシップが必要とされている。

国連の動き――COP21（パリ協定）採択とSDGs

２０１５年11月から12月にかけてパリで行われた「国連気候変動枠組条約第21回締約国会議（COP21）」（以下、COP21）は、京都議定書に代わる２０２０年以降の温室効果ガス削減にかかわる国際的な新しい枠組み作りを目指していた。主要国の温暖化ガス削減目標を図１に示す。

欧州（EU）は２０３０年までに40％削減、米国は２０２５年までに２００５年比で26～28％削減し、28％削減に向けて最大限の努力をする。中国は２０３０年頃までに排出量のピークを迎えるよう努力するとしている。

日本の場合は２０３０年までに温室効果ガスを２０１３年比26％（２００５年比では25・4％）削減すると決定した（１９９０年比では18％の削減となり、欧州の40％削減に比べて決して高くない）。また、先進国の間では２００７年Ｇ８で合意した２０５０年に温室効果ガスの80％削減が決まっている。

ＣＯＰ21（パリ協定）に至るまでの経緯として、２０１２年リオデジャネイロで行われたリオ＋20の中で「ポスト２０１５開発アジェンダ」としてＳＤＧｓ（Sustainable Development Goals：持続可能な開発目標）の策定が決定された。これまで、２０００年９月にニューヨーク国連本部開催の国連ミレニアムサミットで「ミレニアム開発目標（ＭＤＧｓ）」が決定され、実施されて２０１５年に成果がまとめられた。ＭＤＧｓで達成されずに残された問題とリオ＋20のＳＤＧｓ策定の流れが一緒になり、パリ会議に先立ち２０１５年９月25～27日の国連における各国政府の首脳会議において、「持続可能な開発のための２０３０アジェンダ」ＳＤＧｓとして採択された。

２０１５年11月30日から12月13日までパリでＣＯＰ21が行われ、世界の１９６ヵ国・地域の国々が参加して気候変動を防止するため、京都議定書後の２０２０年から始める新しい温暖化対策について会議を行った。最初に１５０ヵ国の世界の首脳が出席して地球温暖化の新しい国際枠組づくりについて打ち合わせが行われた。

会議に際して議長国フランスのオランド大統領は、直前のフランスにおけるテロ事件も受けて「テロとの闘いと地球温暖化との闘いは人類にとって2つの大きな挑戦であり、この地球を破壊から救わなければならない」と演説し、成功のために必要な3つの条件を指

2015年8月17日時点

国　名	温室効果ガスの削減目標	その他（追加項目）
EU	2030年までに40%削減（1990年比）	
米国	2025年までに26～28%削減（2005年比）	・火力発電所のCO2排出量の32%削減
中国	2030年以前にCO2排出量をピークアウト	・2017年から全国規模の排出量取引開始
日本	2030年までに26%削減（2013年比）	
インド	未定	

図１　主要国の温室効果ガス削減目標

パリに詰めかけた１万人以上の市民
（出典：350.org at Flickr）

摘した。

1つ目は世界の気温上昇を、産業革命以前からの2℃未満、可能であれば1・5℃未満に抑えること。2つ目は温暖化に対して世界が連携して取り組むこと。先進国は今までに排出してきた温暖化ガスの責任を負い、新興国は再生可能エネルギーへのエネルギー転換を果たすこと。開発途上国は温暖化の影響に対応すること。全ての国が参加してこの世界的な難局に向かい、取り組みは各々差をつけるが法的に拘束力のある合意を目指す。3つ目は地方自治体、産業界、市民社会、宗教などあらゆる人々が温暖化対策に参加することの重要性であった。

COP21延長後の現地時間12月12日午後7時26分に参加196ヵ国・地域の全てが温暖化ガスの排出削減に取り組む、法的拘束力を持つ「パリ協定」が採択された。


パリ協定の中では、産業革命以前からの世界の平均気温を2℃未満に抑えることとし、さらには1・5℃以内に抑える努力をすると言及された。そして、今世紀後半には世界全体の温室効果ガス排出量を生態系が吸収できる範囲に抑える。すなわち、人間活動による排出を実質0にする目標が立てられた。

また各国提出の削減目標に対して5年毎に見直し、報告し、新しい目標を提出して削減の推進を図る。先進国から途上国への資金支援は自主的に行うとされ、金額は協定とは切り離され２０２５年までに最低でも年間１０００億ドルの供出を行うことになっている。

気温上昇を2℃未満に抑えることはＩＰＣＣの第5次評価報告書に基づく科学者の知見であり、それが共通の目標として決定されたこと及び、小島嶼国《しょうとうしょこく》などの途上国の意見を取り入れて、１・5℃以内に抑える努力することが追加されたことは素晴らしい成果であると思われる。

今までの、排出を行った先進国と影響を受ける開発途上国という図式から抜け出て、全参加国が温暖化ガス排出削減の義務を負ったことは、今回温暖化に対する世界の意識が変わったことととらえて間違いないと思われる。明らかに化石燃料による炭素優先社会から再生可能エネルギーによる脱炭素社会への転換を意味する「のろし」である。

各国の削減目標に対して5年毎に目標を見直し、削減推進を図るメカニズムも、正当に推進されれば削減目標に近づくツールとして力を発揮するものと思われる。京都議定書では背を向けていた米国だが、今回は会議に入る前からオバマ大統領が積極的に中国をリードして2国間で世界の削減に取り組む姿勢が見られ、それが会議にいい影響を与えたのではないかとされている。また、中国では石炭を大量に使用しているためPM2・5などの大気汚染がひどく、工場のストップや車の利用制限が行われるまでになっているが、これらの事も中国が積極的に温暖化防止に取り組み、再生可能エネルギーを推進している要因になっているのではないかと考えられている。

また、議長国フランスが主要な各国首脳を会議の初めに集め、打ち合わせたことが会合に大いなる影響与えたこと。世界の人々が温暖化を身近に感じこのままでは世界が破滅するという強い思いが会議を成功裏に導いたのではないかと思われている。

しかし、行動は今からであり、化石燃料によるエネルギー利用の炭素社会から再生可能エネルギー利用の脱炭素社会に変換することが真の意味をもたらすものであり、取り組むべき山はまだ高いものがある。

パリ協定採択の意味

1　歴史の変換点

国連気候変動枠組条約第２１回締約国会議（ＣＯＰ21）におけるパリ協定の採択は、世界が気候変動（地球温暖化）防止を決意した日である。また、世界の経済優先社会が脱炭素を目指す第一歩の日であり、経済優先社会から脱炭素社会への転換が宣言された、大きな歴史の変換点である。

急激な炭素排出への削減が必要であり、化石燃料を使った二酸化炭素を発生するシステムは変換されなければならない。石炭・石油・ガスを使った既存の炭素を多量に排出するシステムから再生可能エネルギーへの転換に伴い、化石燃料を使ったシステムは縮小もしくはなくす措置が取られなければならない。今後の化石燃料の継続利用はその排出炭素を吸収できるシステムと併用しなければ難しいということになる。

また、この日は世界が、環境対応することが企業のビジネスチャンスであると認識した日でもある。企業のトップが参加して、

Now, green is new business. Green makes money.

（今や、環境はニュービジネスである。環境はお金を産む）

と環境がビジネスチャンスであることを歌った画期的な日である。

化石燃料によるエネルギー源を利用する企業はエネルギー源にかけられる税金も高いものとなり、より負担を伴うものとなる。また、企業として化石燃料を使っていると顧客にもそっぽを向かれることになるだろう。これは世界共通の理念となってマスクがかぶされることになる。

その影響は提供するサービスにも向けられサービスの厳密なふるい分けが起きるだろう。エネルギー消費に負担となるような無駄なサービスは削減されてゆく。省電力・省資源の動きは益々盛んになってゆくものと思われる。そして社会のシステムを変えるようなものが革新的に開発され、それにより社会システムも変化してゆくものと思われる。

2　社会システムの転換

今世紀末に二酸化炭素の排出を0にすること。2050年には80%の削減、2100年には排出を0とすることは、社会システムの変換が起きなければ可能にならないと思われる。

化石燃料の社会から再生可能エネルギーへ移行する脱炭素社会への社会システムの変換は、どのようにして起こるのであろうか？　その変化は容易には思い浮かばない。

まず、今まで以上に社会全体が消費エネルギー削減社会となり、まず無駄なエネルギーの消費がなくなるであろう。それと同時に再生可能エネルギーにより化石燃料による利用をなくす方向に向かうであろう。

電力供給源としての石炭や石油による火力発電についてはその発生する炭素を吸収できなければ利用できないことになるのはもちろんのこと。家庭で使っているガスコンロや灯油ストーブも近い将来利用できなくなるであろう。

したがってそれら化石燃料に関係する産業も大きな変更を余儀なくされるであろう。

消費エネルギーは再生可能エネルギーを使ってのエネルギー供給システムに変更され、自動車もガソリン利用から電気などへの移行が必要であろう。

基幹の社会システムと再生可能エネルギーとのドッキングをどこで図るのが一番システ

ム変更に伴う被害が少ないかを考えてシステムの再構築が必要となるのではないだろうか。炭素削減技術（ＣＣＳ）も急速に発展すると思われる。炭素削減技術が開発され、既存の化石燃料による社会システムを大きく変更しなくてもよいことになるかもしれない。

また、国立環境研究所の江守正多氏によれば、デジカメの普及により写真のフィルムから脱フィルムにフィルム会社が変わらざるを得なかったように、また、30年前に現在のインターネット社会が見通せなかったように、脱化石燃料への大きな変革はイノベーションという形で変わる可能性がある。「石器時代が終わったのは、石器よりももっと良い道具が見つかったからで石がなくなったわけではない」というサウジアラビアの石油相であったシェイク・ザキ・ヤマニ氏の言葉を使って、化石燃料にとって代わるエネルギー源が開発されることにより脱炭素への移行が加速されるのではないかと言われている。

このような変革が起きれば、おのずから脱炭素社会への移行は進んでいくものと思われる。

3　世界の消費エネルギー推移の予測

今後、２１００年までの世界の消費エネルギーの推移をおおよそイメージしてみよう

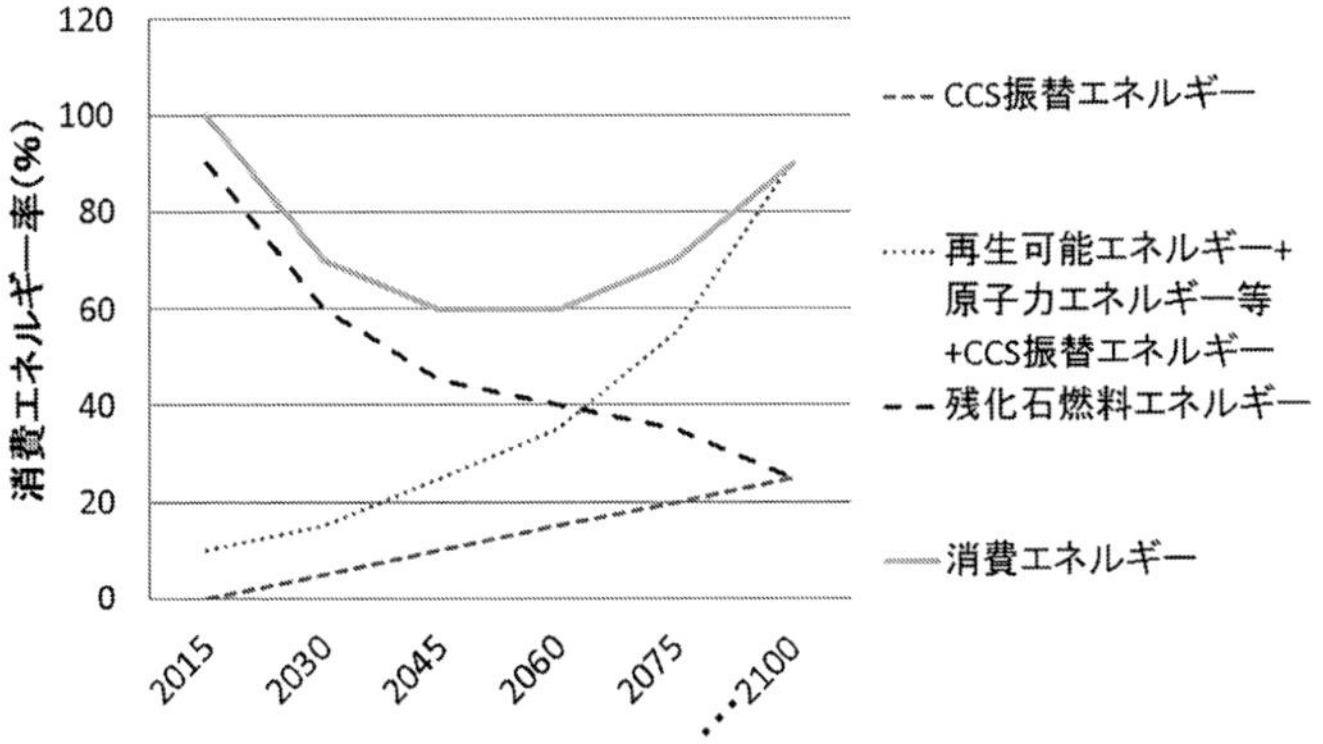

図１　世界の消費エネルギー推移の予測

（図１）。

現在２０１５年には化石燃料をほぼ90％使用して消費エネルギーを供給していると考える。再生可能エネルギー、原子力エネルギー他、化石燃料以外が約10％として考える。２０３０年には消費エネルギーを30％削減、２０４５年から50年頃には消費エネルギーの40～50％の削減を行う。２０６０年過ぎには、再生可能エネルギーと原子力エネルギー他化石燃料以外と二酸化炭素削減技術（ＣＣＳ：Carbone dioxide Capture and Storage）による化石燃料エネルギーの合計が残存化石燃料によるエネルギーの供給量と同じくらいになる。

　再生可能エネルギーは順次増加され、２１００年時点では再生可能エネルギーとＣＣＳ技術により炭素を吸収した炭素の排出が0の化石燃料エネルギーが25％程度残されて合計で90％程度を供給するものと考える。

化石燃料から供給されるエネルギーは順次減ってゆき、2100年にはCCS技術によって炭素が吸収される分だけの化石燃料によるエネルギーが25％程度残っていると推測する。したがって二酸化炭素の排出はなくなり、残りは再生可能エネルギーによる消費エネルギー供給となる。

2100年以降はCCS技術により利用されている化石燃料の消費エネルギーも順次再生可能エネルギーに変換されていくものと思われる。

あるいは、化石燃料にとって代わるエネルギー源の開発により、すみやかに脱炭素社会が実現するかもしれない。

4　気温上昇2℃以下で安心か？

パリ協定では産業革命以前から気温上昇を2℃未満に保ち、そして1・5℃以下に下げる努力するということに決まったが、これは環境被害、生物多様性の崩壊と海面上昇、災害の多発が世界的に認証されたことである。

各国により提出された削減目標だけでは現在は2℃未満に抑えることは難しい。このままでは2・7℃になるという予測がされている。削減目標は今後も継続して下げられて排出量0に近づくことになる。このままエネルギー削減も化石燃料の利用も続行されて温暖化が進行して2℃以上になった場合は気候のコントロールができなくなり、氷床・氷河の融解による海面の上昇が起こり気候のコントロールができなくなる。

災害対策に要する費用も膨大なものとなるであろう。災害対策企業が重宝されることになる。また、海面上昇による沿岸工事や防波堤、防潮堤、植樹による防潮対策が必要になってくるだろう。動植物の生態系シフトによる動植物の保護サービスも必要になってくる。生態系のシフトに伴う病気・疫病の発生リスクも多くなり、それに対する対策も必要なものとなる。

海面上昇や生態系のシフトに伴う影響で世界からの環境難民も増えてくるため、国内の難民受け入れも変わってくるであろう。また東日本大震災において福島から他地域への移動や災害地からの移動が起きたように、国内における人々の移動も起きるかもしれない。

しかし、2℃未満だけでは被害はまだ大きいものとなる。1・5℃未満に抑えるとしているのは小島嶼国の危機感とアフリカ、ＥＵ、米国などの主導によりパリ協定に加えられたものであるが、それだけ被害に対する危機感が大きいためである。そして、ジェームズ・ハンセン氏たちの科学者グループによれば、2℃の確保では海面上昇が6m以上となり危険であり1・5℃でも危ない、温度上昇は1℃以下が必要とされている。

5 世界の国家間の協調・連携の強化

パリ協定を採択したこの日は、先進国が開発途上国（中国・インド等の発展著しい国々は除き）への援助を再認識した日でもある。

私達は環境変化への意識革命を起こし生活の中で変化を受け入れるようにならなければならない。

私達は国家、国民の意識だけでなく、グローバル市民としての意識をもって世界の人々とともに協調しながら生きてゆく必要がある。先進国から途上国への援助として資金援助だけでなく、益々、国家間の協力が必要になり環境災害に対して脆弱な国家と富める国家との間には助け合いの精神が必要になってくる。そして、世界の国々は途上国への援助だけでなく自国の災害対策も必要である。益々増加する環境被害への対応は国家的な問題として、災害対策に取り組む必要がある。

大規模な社会システムの変更に対して意識改革が必要でありスピーディな対応が必要になる。強力なリーダーシップのもと国家も企業も市民も共に脱炭素社会の構築に連携して取り組むことが気候変動に対して効果ある方法となるのではないか？

また、積極的な脱炭素製品や革新的な脱炭素システムの開発によりスムーズな脱炭素社会への移行が必要であると思われる。

参考資料1　2015年COP21までの流れ

2015年COP21（パリ会議）までの主要な環境会議の流れは以下の通り。

1972年　「国連人間環境会議」（ストックホルム会議）
「かけがえのない地球」をスローガンに開催、「人間環境宣言」を採択

1992年　「国連環境開発会議」（地球サミット）リオデジャネイロにて開催
「環境：開発に関するリオ宣言」の採択
「アジェンダ21」の採択、「森林原則声明」の採択、
「気候変動枠組条約」を採択、生物多様性条約の署名

1997年　「COP3（国連気候変動枠組条約第3回締約国会議）」京都で開催。
「京都議定書」の採択

2000年　ミレニアム開発目標（MDGs）9月に世界が合意、達成期限2015年

2002年　「持続可能な開発に関する世界首脳会議」（リオ＋10）（ヨハネスブルグ・サミット）
南アフリカ共和国ヨハネスブルグにて開催。

2009年　「COP15（国連気候変動枠組条約第15回締約国会議）」コペンハーゲンで開催。

「コペンハーゲン合意」がまとめられる。

2012年　「国連持続可能な開発会議」（リオ＋20）リオデジャネイロにて開催

「The Future We Want」の成果としてSDGsの策定が決定

2015年11月〜12月「COP21（国連気候変動枠組条約第21回締約国会議）」

「パリ協定」採択

2020年以降の温室効果ガス削減にかかわる国際的な枠組みを決める会議

参考資料2　ＭＤＧｓ（ミレニアム開発目標）の成果

２０００年9月、ニューヨーク国連本部で開催された国連ミレニアムサミットで決められた「国連ミレニアム宣言」の中の目標が「ミレニアム開発目標（ＭＤＧｓ:Millennium Development Goals）」である。２０１５年までに極度の貧困と飢餓の撲滅、普遍的な初等教育の達成など8つの目標と21のターゲットを掲げて、国連のアナン事務総長、その後バン・キムン事務総長のもと15年間にわたってコロンビア大学教授のジェフリー・サックス氏が顧問として実現に向け取り組まれた。

２０１５年はその目標達成の年であり、テーマ１の極度の貧困と飢餓の撲滅：２０１５年までに１日１ドル未満で生活する人を半減させる目標と、テーマ７の環境の持続可能性を確保する目標：２０１５年までに安全な飲料水と衛生施設を継続的に利用できない人の割合を半減する、などの目標は達成され、大きな成果が得られた。しかし、道半ばに終わっている問題等は今後行われるＳＤＧｓに引き継がれることになっている。

以下に２０１５年に報告されたＭＤＧｓの達成状況を示す。

「達成された目標評価」（国連開発計画：The Millennium Development Goals Report 2015 より）

1　極度の貧困と飢餓の撲滅

A　２０１５年までに１日１ドル未満で生活する人口の割合を１９９０年の水準の半数に減少させる。

B　女性と若者を含むすべての人々の完全かつ生産的な雇用、ディーセント・ワーク（適切な雇用）を達成する。

C　２０１５年までに飢餓に苦しむ人口の割合を１９９０年の水準の半数に減少させる。

・極度な貧困はここ２０年でかなり削減された。１９９０年には約半数いた１日１・２５ドル以下の開発途上の極度に貧困な人々は２０１５年には14％まで下がり、１９９０年の半数に削減するという目標は達成された（図1）。

・世界的に、極度の貧困で生活している人々は１９９０年の19億人から２０１５年8億

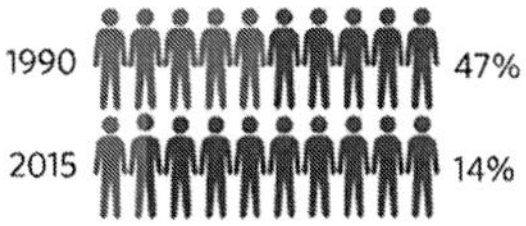

図１　開発途上国における極度の貧困の比率

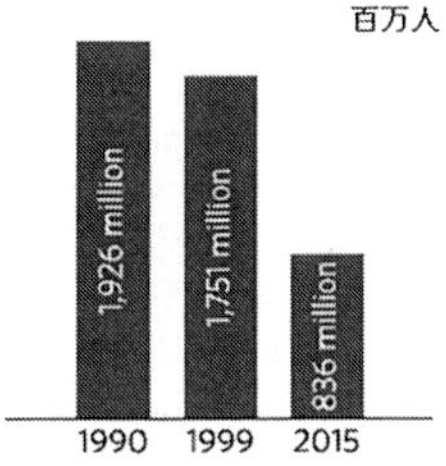

図２　世界的な極度な貧困者数

3600万人に減少した。大幅な削減は2000年から生じている（図2）。

・世界の一日4ドル以上で生活する中間層の数は1991年から2015年までに約3倍になり、開発途上地域における数は1991年の18％から約半分にまで引き上げられ、約半分を構成するまでになった。

・開発途上地域における栄養不足の人口は1990年～1992年の23・3％から2014年～2016年の12・9％に約半減した。

2　普遍的な初等教育の達成

A　2015年までにすべての子どもが男女の区別なく初等教育の全課程を修了できるようにする。

・開発途上地域の初等教育の就学率は2000年の83％から2015年には91％に達した。

・世界の初等教育を受けられない児童数は2000年の1億人から2015年には5700万人と約半減した。しかし、2015年までに全ての子どもが初等教育を修了できる目標は達成されていない（図3）。

・サブサハラアフリカはMDGsが制定されてから初等教育が最も改善された地域で、1990年から2000年までに8％改善したが、2000年から2015年までの改善は20%を達成した（図4）。

・世界的に15歳から24歳の青年の教育の比率は１９９０年から２０１５年では83%から91%に上がり、男女のギャップも少なくなった。

３　ジェンダー平等の推進と女性の地位向上

A　２００５年までに可能な限り、初等・中等教育で男女格差を解消し、２０１５年までにすべての教育レベルで男女格差を解消する。

・15年前に比べ今はより多くの女性が学校に通っている。開発途上地域では初等、中等教

図３　初等教育における未就学率

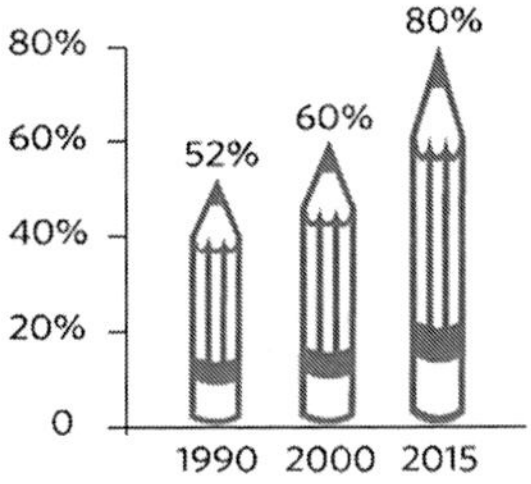

図４　サブサハラアフリカにおける初等教育の就学率

育そして　高等教育においてジェンダーにおける不平等をなくす目標を達成した。
・南アジアでは１９９０年には１００人の男子に対して74人の女子が初等教育を受けたが今日では男子１００人に対して１０３人の女子が受けている（図５）。
・農業以外の女性の就労率は１９９０年の35％から41％に上がった。
・１９９１年から２０１５年までに全体的な女性の就労率の脆弱さは13％下がった。対照的に男性の就労率の脆弱さは９％下がった。
・女性は過去20年間で１７４ヵ国の90％近くにおいて議会の代表の地位を得た。議会における女性の平均人数は２倍近くになったが、それでもまだ女性は５人のうち１人だけである。

4　乳幼児死亡率の削減

Ａ　２０１５年までに５歳未満児の死亡率を１９９０年の水準の３分の１まで引き下げる。
・１９９０年から２０１５年までに、世界の５歳未満児の死亡率は１０００人当り90人から43人のへと半減した。
・開発途上地域における人口増加にもかかわらず、５歳以下の児童死亡数は１９９０年の１、２７０万人から２０１５年には約６００万人に下がった（図６）。

・１９９０年の早い時期から、５歳以下の児童死亡率の削減率は3倍以上だった。
・サブサハラアフリカでは、５歳以下の児童の死亡率の年間削減率は２００５年～２０１３年は１９９０年～１９９５年の5倍以上になっている。
・はしかのワクチンは２０００年から２０１３年の間に1、５６０万人近くの命を救った。世界的のはしかの数は同時期67％削減された。
・少なくとも２０１３年には世界の子どもたちの約84％がはしかのワクチンの接種を受けたが、２０００年には73％だった（図7）。

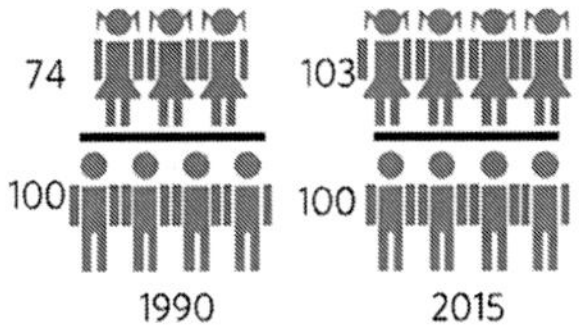

図５　南アジアにおける初等教育就学比率

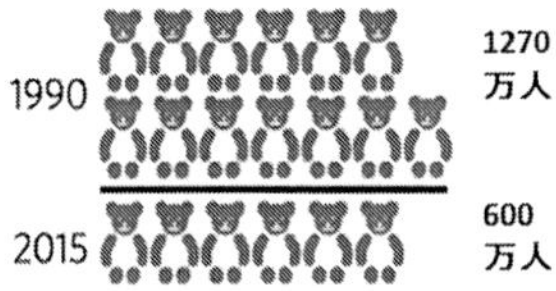

図６　世界の５歳以下児童の死亡数

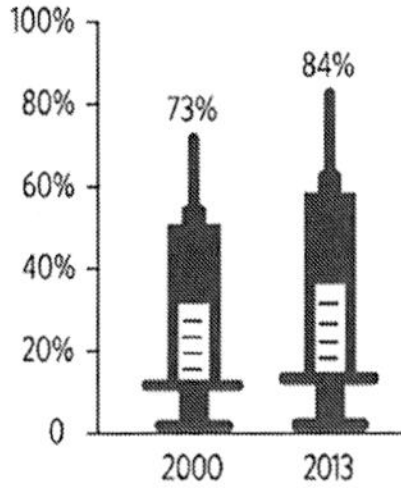

図７　世界のはしかのワクチン接種数

5　妊産婦の健康状態の改善

A　2015年までに妊産婦の死亡率を1990年の水準の4分の1に引き下げる。

B　2015年までにリプロダクティブ・ヘルス（性と生殖に関する健康）の完全普及を達成する。

- 1990年から妊産婦の死亡率は世界的に45％下がった。そして、その大部分は2000年以降に減少している（図8）。
- 南アジアにおいて妊産婦の死亡率は1990年から2013年までに64％下がった。そして、サブサハラアフリカでは49％下がった。
- 出産時の熟練した医療従事者の立ち合いは1990年の59％から2014年は71％に増加した。
- 妊娠中の検診を4回以上受けた北アフリカの妊婦の割合は1990年と2014年の間に50％から89％に増加した。
- 15歳から49歳までの女性の避妊具普及率は、結婚または同居の場合においては世界的に1990年の55％から2015年の64％に増加した。

6　HIV／エイズ、マラリア、その他の疾病の蔓延防止

A　2015年までにHIV／エイズのまん延を阻止し、その後、減少させる。

B　2010年までに必要とする全ての人がHIV／エイズの治療を受けられるようにする。

C　2015年までにマラリアやその他の主要な疾病の発症を阻止し、その後、発生率を下げる。

・新しいHIVの感染は2000年には40％の350万人であったが、2013年には210万人に減少した。

・2014年6月までに世界的に1360万人がHIVでアンチレトロウィルスセラピー（ART）を受けて生きており、2003年の80万人から大幅に増加している。1995年と2013年ではARTにより760万人が死を免れている（図9）。

・主にサブサハラアフリカの5歳以下、620万人以上の子どもたちが、2000年と2015年の間にマラリアによる死から免れた。

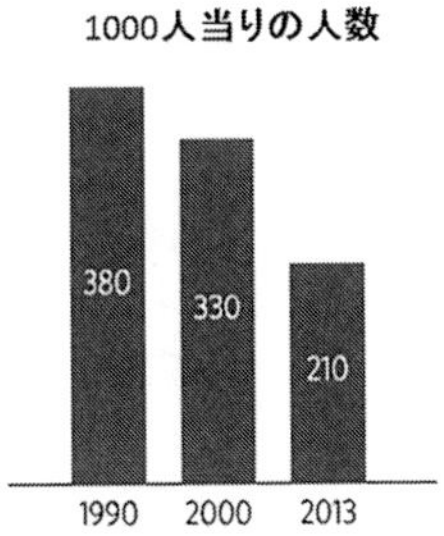

図8　世界の妊産婦の死亡率

図9　世界のアンチレトロウィルスセラピーの治療

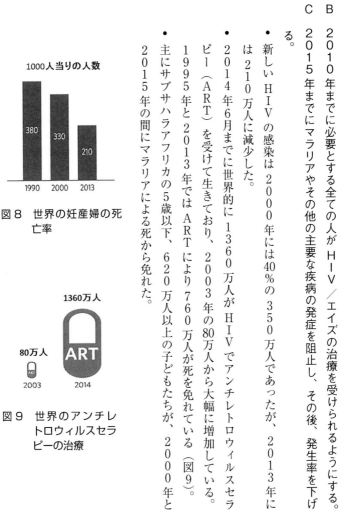

・世界のマラリアの発病率は推定37％で58％の死亡率に下がった。
・2004年から2014年までにサブサハラアフリカでは、9億枚以上の殺虫用のカヤがマラリアの蔓延した地域に配られた。
・2000年から2013年の間に結核を止める診断と処置が3、700万人の命を救った。1990年と2013年で結核の死亡率は45％から41％の有病率に変わった。

7　環境の持続可能性を確保

A　持続可能な開発の原則を国家政策やプログラムに反映させ、環境資源の損失を阻止し、回復を図る。
B　2010年までに生物多様性の損失を確実に減少させ、その後も継続的に減少させる。
C　2015年までに安全な飲料水と衛生施設を継続的に利用できない人々の割合を半減する。
D　2020年までに少なくとも1億人のスラム居住者の生活を大きく改善する。
・オゾンを激減させる物質は、1990年からほぼ除かれており、オゾン層は今世紀半ばには回復すると期待されている。
・1990年以来、多くの地域で陸上と海洋の保護エリアは、かなり増加している。ラテンアメリカやカリブの生物保護地域の面積が1990年と2014年では8・8％から23・4％に増加している。

・１９９０年の76％に比べて２０１５年には世界の人口の91％が改善された飲料水を使用している。
・１９９０年から改善された飲料水を使用できる26億人の内、19億人が屋内の水道水を使えるようになった。今や世界人口の半分以上（58％）がこの高いレベルのサービスを享受している（図10）。
・世界の１４７ヵ国が飲み水の目標を達成し、95ヵ国が改良された衛生設備を設置しており、77ヵ国が飲み水と衛生設備の両方を使っている。
・世界中で21億の人々が改善された衛生設備を使っている。野外で排泄する人の割合は、１９９０年から約半分になった。
・開発途上地域においてスラムに住んでいる都市人口の割合は、２０００年のおよそ39・

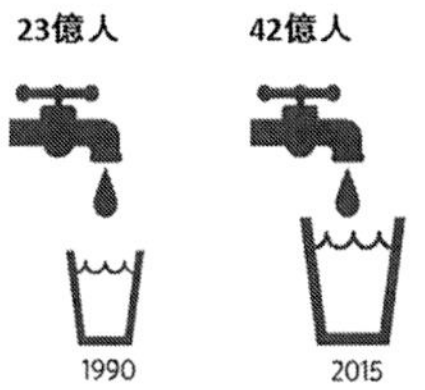

図10　1990年から19億人が水道水利用

4％から2014年には29・7％に下がった。

8　開発のためのグローバルなパートナーシップの推進

A　開放的で、ルールに基づく、予測可能でかつ差別的でない貿易と金融システムを構築する。

B　後発開発途上国（LDCs）の特別なニーズに取り組む

C　内陸開発途上国と小島嶼《しょうとうしょ》開発途上国（太平洋・西インド諸国・インド洋などにある、領土が狭く、低地の島国）の特別なニーズに取り組む

D　国内および国際的措置を通じて途上国の債務問題に包括的に取り組み、債務を長期的に持続可能なものとする。

E　製薬会社と協力して、途上国で人々が安価で必要不可欠な医療品を入手できるようにする。

F　民間セクターと協力して、特に情報・通信での新技術による利益が得られるようにする。

- 先進国から開発途上国への公式な援助は2000年と2014年では66％増加しており、1、352億ドルに達している。
- 2014年にデンマーク、ルクセンブルク、ノルウェー、スウェーデン、そして英国は国連が公式に開発途上国の援助目標として定める国家の総収入の0・7％目標を超えて支援している。

- ２０１４年の開発途上国から先進国への免税輸出の割合は２０００年の65％から増加し、79％となっている。
- 開発途上国における輸出の歳入に対する負債の割合は２０００年の12％から２０１３年３％に下がっている。
- ２０１５年には世界人口の95％に携帯電話が広がっている。
- 携帯電話の申し込み数は過去15年で約10倍に成長し、２０００年の7億３８００万から２０１５年には70億を超えている。
- インターネットの浸透は２０００年には世界人口の６％を超えて、２０１５年には43％になり、結果的に32億人がコンテンツやアプリケーションなどの世界のネットワークにつながっている（図11）。

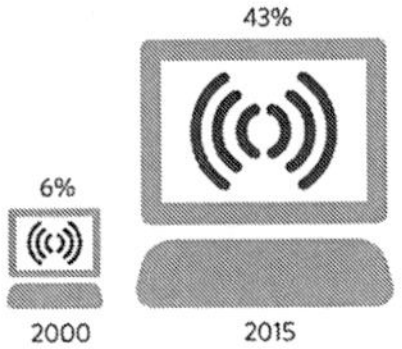

図 11　世界のインターネットの浸透

参考資料３　今後のＳＤＧｓ（持続可能な開発目標）とは

　持続可能な開発目標（ＳＤＧｓ：Sustainable Development Goals）は、２０１２年６月ブラジルのリオデジャネイロで開催された国連持続可能な開発会議（リオ＋20）の成果文書の中で正式に策定された。そして、ＳＤＧｓである「新持続可能な開発のための２０３０年のアジェンダ」が、ＣＯＰ21（パリ会議）に先立ち、２０１５年９月25〜27日にニューヨークで開催された国連の会議にて採択された。

　ＳＤＧｓは17の目標と１６９のターゲットにより構成されていて、貧困からの脱出、不平等の解消、気候変動などの目標を２０３０年までの15年間で解決することを目指している。

　新アジェンダは平和なしに持続可能な開発はあり得ない。その目標は先進国も途上国もすべての国々に適用されるものであるとされている。私たちは同じ地球市民として共に世界の人々と協力してこの目標達成に立ち向かわなければならない。

　以下に17の目標を示す（国連開発計画ＵＮＤＰ　Sustainable Development Goals より）。

１　貧困をなくす：あらゆる場所で、あらゆる形態の貧困に終止符を打つ。

　２０３０年までに全ての形態の貧困に終止符を打つという野心的な目標だが、やり遂げられると信じている。国連は２０００年に、極貧の中で暮らす人々の数を15年後には半減させると目標を立てて、この目標を達成した。しかしながら、未だに全世界で8億人以上の人々が、一日1・25ドル以下で暮らしている。これは、全ヨーロッパの人口に匹敵する人々が極貧の中で暮らしていることになる。

2　飢餓をなくす：飢餓に終止符を打ち、食料の安定確保と栄養状態の改善を達成するとともに、持続可能な農業を推進する。

過去20年で飢餓の人口は約半分に削減された。かって、飢饉や飢餓に苦しんだ多くの開発途上国は社会的に最も貧困な人々の栄養ニーズを満たせるようになっている。それは信じられない成果である。今や、飢餓と栄養不良に完全に終止符を打つために前進しよう。それは持続可能な農業の推進と小規模農家のサポートをするということを意味する。誰もが、一年を通じて、十分なそして栄養のある食物がとれる世界を想像してみよう。大きな要求である。しかし、地球上の9人に約1人が毎晩、空腹のままベッドに向かっている。このために、私達は行動しなければならない。全ての人々が十分な栄養のある食物を一年中とれる社会の実現にむけて共に協力し、２０３０年までにはこれを実現できるだろう。

3　健康と福祉：あらゆる年齢のすべての人の健康的な生活を確保し、福祉を推進する。

私たちはみな健康でいることがどんなに大切かよく知っている。私たちの健康はどんな仕事につきどのように生活を楽しんでいるかに至るまで、健康は全てに影響する。したがって、誰もが安全で効果的な医療やワクチンを得られる保健制度を確立することが、目標である。

１９９０年以来私たちは大きな歩みをしてきた。避けられる筈の子供の死亡数は半分以下になり、妊産婦の死亡数も同じように削減された。しかし、その他の数字は悲劇的に高く、毎年６００万人以上の子供が、５歳にならずに死亡している。

そうして、サブサハラアフリカでは、ＡＩＤＳは青年期の人々の死因の主流になっている。私達の目標はそれを逆転させ、今望まれている以上の健康を得られるようにすることである。

4　質の高い教育：すべての人に公平で質の高い教育を提供し、生涯学習の機会を促進する。

まず教育にとって、よくないニュースから、貧困、武装衝突、その他の非常事態のために、世界中の非常に多くの子供が、通学できなくなっている。実は、開発途上国では富裕層の子供の４倍以上の数の子供が通学できないでいる。ここで良いニュースだが、世界の全ての子ども達の初等教育は２０００年以来大きな進歩がみられた。開発途上地域での就学率は

２０１５年に91％に達した。どのような、学校にとっても、これは高い達成度だろう。この目標は全ての子供が普遍的な初等、中等教育を受け、職能訓練を受けられるようにし、さらに高度の教育が受けられるようにすることである。

5　ジェンダー平等：ジェンダーの平等を達成し、すべての女性と女児の地位向上を図る。

世界が繁栄と公明さにおいて偉大な進歩を遂げたことは、賞賛に値することである。しかしまだ、あらゆる場面で女性と女児は遅れをとっている。まだ、仕事や賃金は全般的に不平等で、家事や育児といった女性の多くの仕事には賃金が支払われていないし、政治等の場における差別待遇もはなはだしい。しかし、希望の光も見えている。２０００年に比して多くの女児が学校に通っている。大部分の地域で初等教育のジェンダーは平等に達している。仕事に対して支払いを受けている女性の率も向上している。持続可能な開発の目標はあらゆるところで女性と女児の差別待遇に終止符を打つことである。そしてそれは基本的な人権である。

6　きれいな水と衛生：すべての人に水と衛生へのアクセスと持続可能な管理を確保する。

地球上の誰もが、安全で手ごろな飲み水が得られるようにすべきであり、それが２０３０年までの目標である。世界で多くの人々がきれいな飲み水と衛生設備を利用することができると思われているが、一方、そうでない人も多い。世界の40％以上の人々が水不足の影響を受け、そして、気候変動の結果それはさらに大きくなることが予測されている。この状況がつづけば、少なくとも2050年までに、4人に1人が慢性的な水不足の影響を受ける可能性が高いとみられている。しかし、世界的な協力、湿地や川の保全、水に対する取扱い技術の共有などの新しい方法を取ることがこの目標を達成へと導く。

7　誰もが使えるクリーンエネルギー：全ての人に手ごろで信頼ができ、持続可能かつ近代的なエネルギーへのアクセスを確保する。

1990年から2010年にかけ、新たに17億人が電力を使用できるようになった事は誇れることである。しかし、世界人口の増加に伴い、家庭や道路を照らす、また電話やコンピュータを利用する、そして毎日のビジネスのための安価なエネルギーに対する需要も増えている。エネルギーを得る方法が問題になっている。つまり、化石燃料への依存と、温室効果ガスの排出が、気候に大きな変化をもたらし各大陸で大きな問題になっている。その代わり、私達はよりエネルギーの効率化を図り、太陽光や風力などのようなクリーンエネルギー源に投資しなければならない。そうすれば、電力ニーズを満たし、かつ環境を守ることができるようになる。私たちはこのバランスある行動をどのようになしうるかである。

8　人間らしい仕事と経済成長：全ての人のための継続的、包摂的かつ持続可能な経済成長、生産的な完全雇用及びディーセントワーク（働き甲斐のある人間らしい仕事）を推進する。

経済成長の重要な部分は人々が彼らとその家族を養うに十分な仕事を得ることである。幸いなことに世界中の中間層が増加していることである。過去25年の間に開発途上国では中間層が人口の3割以上を占めるようになった。しかし、２０１５年に至って不平等は広がり、仕事の量は労働人口の増加に追いついていない。失業者は2億人を超えている。それはブラジルの全人口とほぼ同じである。私達は、企業と雇用創出を促す政策を奨励し、強制労働や奴隷と人身取引を根絶して、２０３０年までに、全ての女性と男性が働き甲斐のある仕事が得られるようにすれば、その結果として目標が達成できる。

9　産業、技術革新、社会基盤：強靭なインフラを整備し、包摂的で持続可能な産業化を推進するとともに、技術革新の拡大を図る。

技術の進歩は、雇用を生み出し、そしてエネルギー効率をあげるなどの、大きな世界的な難問の手助けをしてくれる。インターネットのおかげで、世界はさらに緊密に連携し、繁栄を享受するようになるだろう。連携が密になればなるほど、世界中から集まる英知で、さらに人々が利するようになるだろう。しかし、世界ではいまでもインターネットを利用できない人は40億人おり、その大部分が開発途上地域に暮らしている。技術革新と社会基盤に投資すればするほど、私達すべてが豊かになるだろう。デジタル技術の格差を縮め、維持可能な産業を推進し、科学的な研究や技術革新に投資することは、維持可能な開発を促進する重要な方法である。

10 格差の是正：国内および国家間の格差を是正する。

富者がますます富み、貧困者がますます貧困になるというのは昔の話であり、格差は決してどうにもならないものではない。

私達は、どこの出身であろうとも、すべての人が機会をもてるような政策をとることができ、とられねばならない。収入格差は世界的な問題であり、世界的な解決策が求められる。それは金融市場や企業の制度を向上させることを意味し、最も必要としている所へ開発援助を送ることであり、そして、就業機会を求める人々が安全に移住できるように支援することである。私達は過去15年間の間に、貧困問題に対し大きな進歩を遂げ、今や格差を昔話に変えることができる。

11 持続可能な都市、コミュニティづくり：都市と人間の居住地を包摂的、安全、強靱かつ持続可能にする。

現在、世界人口の半分以上が都市で暮らしている。2050年までには、都市人口は全人口の2/3に達するであろう。都市はますます巨大になっている。1990年時点で人口

１０００万人以上の巨大都市は10か所にすぎなかったが、２０１４年には28都市になり、４億５３００万人が住む巨大都市になった。信じられないほどだ。多くの人が都市を好きであり、都市は文化やビジネスや生活の中心である。そして、多くの場合都市は極貧の中心でもある。

すべての人々にとって持続可能な都市にするために、良質で手頃な公共住宅を造りスラム地区をグレードアップすることができる。また公共交通網に投資し、緑地の整備と都市計画の決定に広範な分野の人々を参画させる。このような方法で、私達は都市の好ましい部分を維持し、嫌な部分を変えてゆく。

12
責任ある生産と消費：持続可能な消費と生産のパターンを確保する。

ある人々はたくさんの物を使い、ある人々は少ししか使ってない。事実、世界人口の大部分の人々はいまだに、基本的ニーズを満たす量の資源さえも消費していない。

それが、このままでいいわけはない。私達の誰もが生活し、繁栄するために必要な物が手に入るような世界をつくることができる。私達は天然資源を保全しながら使うようにすれば、孫やその次の世代もこれを享受できる。難しいのは、どのようにしてその目標を達成するかということである。私達は天然資源を効率よく管理し、有害物質をより安全に処理することができる。世界的に一人当たりの食料の無駄を半分にする。企業や消費者の無駄を削減しリサイクルさせる。そうして大量消費を抑え、より責任ある消費パターンに向かうよう、国を支援することである。

13

気候変動への緊急対応：気候変動とその影響に立ち向かうため、緊急対策を取る。

世界の全ての国が気候変動の深刻な影響を目の当たりにしている。地震や津波、台風、洪水、による被害は年平均で数千億ドルに上り、世界の温暖化による影響は益々強くなっている。内陸国や島嶼国のような脆弱な地域を支援し、生命と財産のロスをなくし、より回復可能な状態にすることができる。地球温暖化の影響はさらに大きくなっている。私達は今、以前よりもさらに極端な嵐や干ばつに直面している。政治的な意思と技術的な対策で世界平均気温を産業革命以前からの2℃以下に抑えることはまだ可能である。そしてそれによって気候変動の最悪な影響を避けることができる。持続可能な開発の目標は、直面するこの緊急な難題に対して、世界の国々が共に働き気候変動問題を解決することである。

14

海洋資源の保全：海洋と海洋資源を持続可能な開発に向けて保全し、持続可能な形で利用する。

世界の海洋はその水温、海流及び生物を通じて、人類が地球に住めるシステムを構築している。30億人以上が、海洋と沿岸の生物多様性を頼りに生計を立てている。しかし、今日では世界の漁獲資源の3倍近くを乱獲しており、それは持続可能な方法ではない。内陸に住む人々でさえも、海洋なしには生きて行けない。また、海洋は人間が作り出す二酸化炭素の約30％を吸収しているが、私達はその上さらに二酸化炭素を排出している。産業革命以来、海洋の酸性化は26％進んでいる。

私達の排出するゴミも避けがたいが、海洋の1平方キロにつき13、000個ものプラスチックゴミが見つかっている。確かにどうしようもないがあきらめないで。この持続可能な開発の目標はこのような海洋の下でそれを管理し、生命を守るための達成目標を示している。

15
陸上資源の保全：陸上生態系の保護、回復および持続可能な利用の推進、森林の持続可能な管理、砂漠化への対処、土地劣化の阻止および回復、ならびに生物多様性損失を阻止する。

人間と動物たちは、気候変動と闘うために、地上の食物、きれいな空気、きれいな水を頼りにしている。

植物は人間の食糧の80％以上を提供している。森林は地表の30％を占め、空気と水をきれいにし、地球の気候のバランスを保っている。そして数百万の生物種の住みかであるのは言うまでもない。しかし、地球上の土地と生活がトラブルに巻き込まれている。耕作地は歴史上のスピードの30～35倍の速さで失われている。砂漠は広がっている。動物種は絶滅しようとしている。私達はこの流れを変えなければならない。幸いにも、持続可能な開発の目標は2020年までに森林や湿地、乾燥地そして山などの陸上のエコシステムの利用を保護し、回復させることである。

16 平和、法の正義、有効な制度：持続可能な開発に向けて平和で包摂的な社会を推進し、全ての人に司法へのアクセスを提供するとともに、あらゆるレベルにおいて効果的で責任ある包摂的な制度を構築する。

どのようにして平和でない国を開発するというのか？どのようにして人々を食べさせ、教育し、学ばせ、働かせ、家族を幸福にするのか？

そしてどのようにして、法秩序のない、人権のない、法秩序に基づかない政府を持つ国を平和に導くのか？　世界のある地域では平和と法秩序を享受し、当然だと思われている。一方、他の地域では武装紛争と犯罪と拷問と搾取が蔓延し、その全てが開発を妨げているように思える。平和と法秩序を保つことが全ての国々が向かうべき目標である。持続可能な開発の目標は、あらゆる形態の暴力を削減し、政府とコミュニティが紛争と不安な情勢を恒久的に解決することを目標にしている。それは法の支配を強化し、違法な兵器の流通を削減し、世界的なガバナンス機構に開発途上国を参加させることである。

17 目標達成に向けたパートナーシップ：持続可能な開発に向けて実施手段を強化し、グローバル・パートナーシップを活性化する。

持続可能な開発の目標は大変な実行計画である。そう考えられませんか？　事実、それは、忘れろ！出来ない！何故やるのか？などと投げ出したくなるかもしれないが、しかし、今私達は多くの事を実施してきている。世界は今日、インターネットや旅行、世界的な制度などのお蔭で、かつてないほどより緊密に繋がっている。気候変動を止めるために共に働く必要があるという総意が形成されている。そして、持続可能な開発の目標もまた小さなことではない。１９３ヵ国がこれらの目標に同意したことは本当に信じられないようなことである。１９３ヵ国が承諾したことはつまり、この他の全ての目標を達成するために各国が共に働くという最終目標への道筋をつくったことである。

米田明人氏と環境問題

長澤貞夫

昨年暮れの12月初め、月刊誌「電設技術」の編集専門委員を務められている米田明人氏から電話があり、近く同誌にこれまで掲載した随筆類を集めて本を出版したいので、一筆添えて欲しいということだった。何より私自身電気設備には門外漢であり、私ごときが、おこがましいのではないかという思いが強くして、とても応諾できなかった。しかし無下に断るわけにもゆかず、とにかく原稿の写しを送っていただき、それを読んだうえで返答することとした。

数日後に郵送されてきた原稿の写しを読み進めているうちに、米田氏の随筆が温室効果ガスCO2から環境ホルモン（外因性内分泌撹乱化学物質）としての農薬や化学肥料に至るまで取り上げて、環境問題とは何かを要領よく説明しており、格好の手引書となっていることが分かった。そういうことならぜひ協力すべきだと考えて、最近思い抱いていることに触れてみることとした。

(1) 地球温暖化とわが国のエネルギー事情

近年、わが国は台風の大型化や集中豪雨、竜巻・突風、豪雪など異常な気象に見舞われている。この異常な気象現象は日本だけに限ったことではなく、全世界にわたっている。これらはすべて温室効果ガス（ＣＯ２等）によってもたらされる地球温暖化に起因すると言われている。二、三年前の１月末に放送されたＮＨＫのクローズアップ現代によると、南極大陸の深奥部に気象学者が赴き標本を採って調べた結果、すでに氷の融解現象の痕跡が認められ、温暖化の影響がここまで及んでいることが判明した。南極の氷については「地球に存在する氷の90％を占める南極の氷層がたった１％溶けるだけで、地球全域の海水面が60ｃｍ上昇するといわれている」ことから、いずれか将来そんな事態に陥らないように、温暖化の今後の動向を注意深く見守っていく必要がある。

それでは、現在全世界のＣＯ２の濃度はいかほどなのか、異常気象を引き起こさないＣＯ２の濃度はいかほどなのか、ぜひ知りたいところだ。米田氏の随筆は、この問いに明快に答えてくれる。

CO_2を排出しない発電方式としてわが国で実施されているのは、原子力発電、水力発電、太陽光発電、風力発電、バイナリー発電などである。これらのうち原子力発電は、現在原子力規制委員会が休止中の個々の原発について新安全基準に基づいて審査にあたっており、すでに九州電力の川内原発が商用運転を開始したのをはじめ、四国電力の伊方原発も再稼働寸前となっており、この働きは加速されていくだろう。しかし、本格的な再稼働までには相当時間がかかりそうである。原子力発電施設の下に活断層が通っているものは廃炉になることや寿命の問題で廃炉となるものも出てくることから、再稼動できたとしても、もう従来のような発電量は望めないだろう。

次に水力発電は、日本全国の大河川にはダムが建設されつくしており、頭打ちの状態で現状維持しか望めない。また、太陽光発電に関しては、メガソーラ施設が各地で建設されつつあるが、天候に左右されることから安定した電力とはならない。さらに風力発電は、昼夜をおかず発電できることからかなり有望視されるが、人の健康に悪影響を及ぼす低周波障害の問題を抱えているうえに、設置場所は常時一定量の風が吹いている所というように地理的制約が付きまとう。この問題を解決して大きな成果をあげているのが英国の海上風力発電である。この成果に着目して、日本でもすでに千葉・銚子沖で着床式洋上風力発電施設、長崎・五島列島椛島沖で浮体式洋上風力発電施設の実証試験が実施されており、その本格的導入に向けて準備が進められていた。これらの実証試験の結果をうけて各地で導入計画が立案されたが、近くまで送電線路が来ているのを前提に計画された福島沖のプロジェクト以外は実現が難しいのではなかろうか。海上で発電した電気を陸上の消費地まで送る肝心の送電網がなく、その新設に電力業界が難色を示したからである。周囲を海で囲まれているわが国の地理的条件から、洋上風力発電にはかなりの期待ができそうだったが、仕方ないだろう。いずれにせよ、発電電力の質的な問題から主軸電源にはなり得ない。さいごのバイナリー発電は温泉などの排熱を利用するものだが、発電機1基当たり120戸分の電力しか得られないことから、あまり大きな期待は持てない。このほかに火山国日本の地下には百万kW級原発33基分の潜在エネルギーが存在すると指摘され、最近とみに地熱発電が脚光を浴びているが、現在磐梯・朝日国立公園内で推進される27万kW級の地熱発電所建設プロジェクトの成否が判明するのが10年先ということから、今は何とも言えない。

以上からわが国のエネルギーは当分の間CO_2を排出する火力発電に頼るしかないのである。

(2) 日本の屋根には未利用の天然資源がある

前述のように、我が国のエネルギー事情が逼迫している状況下、ほとんどの家の屋根が太陽光発電パネルを設置されずに未利用のまま放置されているのが、奇妙に思えてならないのである。1月14日付の朝日新聞記事によると、1994年度につくられた住宅用太陽光発電の補助制度が、その後電力業界の抵抗にあって徐々に縮小され、2006年に廃止されてしまったという。メーカー各社の地道な研究開発努力が実を結んで、自然エネルギー利用の道が開かれようとしていた矢先に水を差されてしまい、日本の家々の屋根は、現在もほとんど未利用のまま放置されているのである。ところが最近、この状況に少しずつ変化が見られるようになってきた。新規に宅地開発された新興住宅などでは、太陽光発電パネルの設置が増えているのである。というのも、その後民主党政権時に住宅用太陽光発電補助制度が復活し、さらに再生可能エネルギー買取制度が制定されて、この二つの制度を組み合わせれば10年位で減価償却が可能となったからである。

米田氏は、随筆で「一人ひとりの心に環境の灯をともし、環境革命を起こしたい」と願う。そのためには、できるだけ多くの人に環境問題の実態を知ってもらうことが必要なのだ。その意味で、この度の出版は大変意義深いことと思う。この出版が一石となって日本全体に波紋が広がり、家々の屋根に太陽光発電パネルが取り付けられるようになるのを願ってやまない。それが現実のものとなったとき、スマートグリッド構想の実現も夢でなくなるだろう。そうなれば、民生用電力の何分の一かは、CO2を全く排出しない屋根上の太陽光発電によって確実に賄えるのである。その分、高価な燃料を海外から輸入しないで済むし、温暖化防止に些かなりとも貢献することにもなる。

温暖化の影響が僅かであれ南極にも及んでいることがわかった現在、これ以上に影響が深まり、本当に南極の氷が融けだして海水面を上昇させる事態が起こらないようにするためには、今のうちにCO2削減に役立つことは何でもやって温暖化の進行を止めるしかないと思われる。ただここで指摘しておきたいのは、中長期的に見れば、前記の地熱発電所建設プロジェクトが成功すればわが国のエネルギーの一翼を地熱発電が担うことも可能になるのかもしれないし、さらに一昨年末トヨタ自動車が試作車を発表した燃料電池自動車が普及すれば、全世界のCO2削減に大きく貢献することになるだろうし、さらにもう一つ、昨年十一月末に開催されたCOP21において、アメリカと中国がCO2排出量削減目標値を提出したことである。これにより全世界規模で削減運動の枠組みが整ったことになる。これは地球環境にとって画期的な第一歩なのだ。暗いことばかりではないのである。

（元（社）日本電設工業協会事務局編集課長）

おわりに

この大変な時代に生まれ来て、一番大切なことは一人ひとりの心が変わる事であり、心の環境革命でこの地球環境が救われ、我々の生が保たれると信じている。すでに多くの人々からその処方箋をいただいているが、我々はそれをどれほど意識して生活しているだろうか？疑問である。

本書の執筆にあたり快く推薦の辞を引き受けてくださいました吉田栄夫氏、また、気候変動問題の第一人者でお忙しい中メッセージを送ってくださいましたジェームズ・ハンセン氏、適切なコメントをいただきました西村六善氏、電設工業時代から編集長として色々とお世話になりました長澤貞夫氏、後任の小林清明氏、そしてスタッフの皆様、快く翻訳のお手伝いをしてくださいました井上健氏及び本誌の編纂に当たりお世話になり勇気づけて下さった高橋秀和氏、お世話になった元職場の方々に、またここまで私を支えてくれた妻及び家族に心よりのお礼を申し上げます。

参考文献

ワールドウォッチ研究所『地球白書』家の光協会

高木善之『新地球村宣言――世界再生への道』ビジネス社

ＩＰＣＣ　第５次評価報告書

Johan Rockström 他 28 名 *Planetary Boundaries: Exploring the Safe Operating Space for Humanity* 2009 Ecology and Society

石澤清史『生活環境論入門』リサイクル文化社

江本勝『水は答えを知っている①②』サンマーク出版

日本の水を考える会議『水は生きている』世界文化社

葉室頼照『神道のこころ』春秋社

最新版・地球環境白書『新・今「地球」が危ない』学習研究社

米田明人『電設技術』平成16年1月号、17年5月号、27年10月号、11月号、28年２月号、３月号　電設工業協会

James Hansen *Human-Made Climate Change: A Moral, Political and Legal Issue*, Presentation given at Blue Planet award ceremony on Oct. 27 in Tokyo, Japan

James Hansen 他 17 名 *Assessing "Dangerous Climate Change": Required Reduction of Carbon Emissions to Protect Young People* ,Future Generations and Nature, 2013

National Environmental Performance on Planetary Boundaries, Swedish Environmental Protection Agency, 2013

ジェイムズ・ハンセン『地球温暖化との闘い』日経ＢＰ社　２０１２年

『日本の気候変動とその影響』文部科学省、気象庁、環境省　２００９年

ジェフリー・サックス『世界を動かす——ケネディが求めた平和への道』早川書房　２０１４年
「国家の対立を超えて　ジェフリー・サックス氏インタビュー」２０１４年５月17日朝日新聞
江守正多「世界平均気温は上昇を続け「＋１℃」到達：ＣＯＰ21の背景にある「＋２℃」目標の意味とは？」　http://bylines.news.yahoo.co.jp/emoriseita/20151128-00051826/
ＷＷＦウェブサイト「ＣＯＰ21で「パリ協定」が成立！国際的な気候変動対策にとっての歴史的な合意」
http://www.wwf.or.jp/activities/2015/12/1298413.html
Jeffry Sachs The Paris agreement, diplomacy, and the common good, December 13,2015, The Boston Globe　https://www.bostonglobe.com/opinion/editorials/2015/12/13/the-paris-agreement-diplomacy-and-common-good/UzCREsxUjgh1CtJYBkcYxH/story.html
外務省「２０１５年Ｇ７　エルマウ・サミット首脳宣言（仮訳）」　http://www.mofa.go.jp/mofaj/ecm/ec/page4_001244.html
国連開発計画「ＵＮＤＰミレニアム開発目標」　http://www.jp.undp.org/content/tokyo/ja/home/sdg/mdgoverview/mdgs.html
法政大学大学院博士課程小野田真二氏「持続可能な開発目標（ＳＤＧｓ）議論の経緯と今後のプロセス」
ＵＮＤＰ「持続可能な開発のための２０３０アジェンダ」　http://www.unic.or.jp/activities/economic_social_development/sustainable_development/2030agenda/
UNDP Sustainable Development Goals　http://www.undp.org/content/undp/en/home/sdgoverview/post-2015-development-agenda.html
UN The Millennium Development Goals Report 2015 Summary

米田明人（よねだ　あきと）

1950年兵庫県生まれ。
山梨大学工学部電気工学科卒。
日本電信電話公社 建築局入社、NTT企業通信システム事業本部主任技師時代にNTTトリプルICS配線システム開発。(株)NTTファシリティーズ、NTT都市開発（株）担当部長を経てNTT都市開発ビルサービス（株）にてBEMSビル消費エネルギー分析手法を開発。退職。途中千葉大学非常勤講師、電設技術編集専門委員、ヨハネスブルグサミット提言フォーラム事務局長（NGO）など。気候変動科学と交渉の資格認定外2種類を所持(国連SDSN/EDU)。
現在 気候変動緩和コーディネータ。

こころの環境革命

2016年10月31日　初版発行

著　　者　米田明人

発 行 者　高橋　秀和
発 行 所　今日《こんにち》の話《わ》題社《だいしゃ》
東京都品川区平塚2-1-16 KKビル5F
TEL 03-3782-5231　FAX 03-3785-0882

印刷・製本　株式会社わかば

ISBN978-4-87565-631-9　C0051